Miriam Stoelzel

Übergangsmetallkomplexe eines stabilen Silylens

disserta
Verlag

**Stoelzel, Miriam: Übergangsmetallkomplexe eines stabilen Silylens,
Hamburg, disserta Verlag, 2014**

Buch-ISBN: 978-3-95425-578-8
PDF-eBook-ISBN: 978-3-95425-579-5
Druck/Herstellung: disserta Verlag, Hamburg, 2014

Bibliografische Information der Deutschen Nationalbibliothek:
Die Deutsche Nationalbibliothek verzeichnet diese Publikation in der Deutschen
Nationalbibliografie; detaillierte bibliografische Daten sind im Internet über
http://dnb.d-nb.de abrufbar.

Zugl.: Berlin, Technische Universität, Diss., 2014

© disserta Verlag, Imprint der Diplomica Verlag GmbH
Hermannstal 119k, 22119 Hamburg
http://www.disserta-verlag.de, Hamburg 2014
Printed in Germany

Übergangsmetallkomplexe eines stabilen Silylens

vorgelegt von
Diplom-Chemikerin
Miriam Stoelzel
aus Berlin

Von der Fakultät II - Mathematik und Naturwissenschaften
der Technischen Universität Berlin
zur Erlangung des akademischen Grades

Doktorin der Naturwissenschaften
- Dr. rer. nat. -

genehmigte Dissertation

Promotionsausschuss:

Vorsitzender: Prof. Dr. Reinhard Schomäcker

1. Gutachter: Prof. Dr. Matthias Drieß

2. Gutachter: Prof. Dr. Thomas Braun

Tag der wissenschaftlichen Aussprache: 19.05.2014

Berlin 2014

D 83

„Trauer, Freude, Frust spüren wir Jahr für Jahr,

doch am Ende sind wir wieder für dich da."

(Die Ostkurve)

Während dieser Arbeit sind folgende Veröffentlichungen entstanden:

Zeitschriftenbeiträge:
„Metal-Free Activation of EH$_3$ (E = P, As) by an Ylide-like Silylene and Formation of a Donor-Stabilized Arsasilene with a HSi=AsH Subunit", C. Präsang, M. Stoelzel, S. Inoue, A. Meltzer, M. Drieß, *Angew. Chem. Int. Ed.* **2010**, *49*, 10002; *Angew. Chem.* **2010**, *122*, 10199.

„Hydrosilylation of Alkynes by Ni(CO)$_3$-Stabilized Silicon(II) Hydride", M. Stoelzel, C. Präsang, S. Inoue, S. Enthaler, M. Drieß, *Angew. Chem. Int. Ed.* **2012**, *51*, 399; *Angew. Chem.* **2012**, *124*, 411.

„N-Heterocyclic Silylene (NHSi) Rhodium and Iridium Complexes: Synthesis, Structure, Reactivity, and Catalytic Ability", M. Stoelzel, C. Präsang, B. Blom, M. Drieß, *Aust. J. Chem.* **2013**, *66*, 1163.

„New Vistas in N-Heterocyclic Silylene (NHSi) Transition-Metal Coordination Chemistry: Syntheses, Structures and Reactivity towards Activation of Small Molecules", B. Blom, M. Stoelzel, M. Drieß, *Chem. Eur. J.* **2013**, *19*, 40.

Posterbeiträge und Vorträge:
„Heterobimetallische Komplexe mit Si(II)-Liganden" (Poster)
Wöhlertagung, Freiburg **2010**

„LSi(II)H: Hydrosilylierung von Alkinen" (Poster)
Berliner Jungchemiker-Forum, Berlin **2011**

„Nickel Assisted Hydrosilylation with a Si(II)-Hydride" (Kurzvortrag, Poster – Posterpreis)
16th International Symposium On Silicon Chemistry, Canada, Hamilton **2011**

„Hydrosilylation with a Si(II)-Hydride Compound"
UniCat Workshop, Berlin **2012** (Vortrag)
Berliner Jungchemiker-Forum, Berlin **2012** (Poster)

„Tuning the Reactivity of Novel N-Heterocyclic Silylene Transition Metal Complexes"
6th European Silicon Days, Lyon **2012** (Poster - Posterpreis)

"N-Heterocyclic Silylene Rhodium and Iridium Complexes: Synthesis, Structure, Reactivity and Catalytic Ability", GDCh-Wissenschaftsforum Chemie, Darmstadt **2013** (Poster)

Die vorliegende Arbeit wurde am Institut für Chemie der Technischen Universität Berlin unter Anleitung von Prof. Dr. Matthias Drieß im Zeitraum von Januar 2010 bis März 2014 angefertigt.

Ich möchte mich an dieser Stelle bei Prof. Dr. Matthias Drieß für das interessante Thema und die hervorragenden Arbeitsbedingungen in der Arbeitsgruppe bedanken. Bei Prof. Dr. Thomas Braun bedanke ich mich für die Anfertigung des Zweitgutachtens und bei Prof. Dr. Reinhard Schomäcker für die Übernahme des Prüfungsvorsitzes.

Außerdem möchte ich mich bei allen Mitarbeitern der Service-Abteilungen, der Werkstätten und Materialien- und Chemikalienausgaben bedanken: Dr. H.-J. Kroth, M. Detlaff und Dr. J. D. Epping (NMR), Dr. M. Schlangen und C. Klose (MS), S. Imme (EA), P. Nixdorf und Dr. E. Irran (XRD), R. Reichert und W. Matthes (Glasbläserwerkstatt). Prof. Dr. S. Inoue danke ich für die Anfertigung der quantenchemischen Rechnungen.

Natürlich möchte ich mich auch bei meinen ehemaligen und aktuellen Kollegen bedanken. Ein besonderer Dank gilt hier Dr. Antje Meltzer und Dr. Carsten Präsang, die mich nicht nur in der Anfangszeit sehr unterstützt und mir das Thema der Silylene näher gebracht haben, sondern auch schlussendlich diese Arbeit durchgesehen haben und jederzeit (trotz teilweise großer räumlicher Distanz) ansprechbar waren. Des Weiteren danke ich meinen Labor- und Bürokollegen, insbesondere Kerstin Hansen und Robert Rudolph, für eine gesunde Mischung aus fachlichen Gesprächen und manchmal nötiger Ablenkung sowie aufbauenden Worte. Ebenso danke ich Dr. Nicolas Marinos, Dr. Sebastian Krackl, Dr. Anna Company, Dr. Marianna Tsaroucha, Dr. Burgert Blom, Dr. Stephan Enthaler, Prof. Dr. Shigeyoshi Inoue, Dr. Chika Inoue, Dr. Michael Haberberger, Johannes Pfrommer, Dr. Ann-Kathrin Jungton, Carsten Eisenhut, Markus Pohl, Lucas Kelm, Paula Nixdorf, Dr. Nora Breit, Dr. Daniel Franz und Nils Lindenmaier für eine angenehme Arbeitsatmosphäre und fachliche Unterstützung.

Besonders gedankt sei auch den guten Seelen der Arbeitsgruppe Andrea Rahmel, Stefan Schutte und Dr. Jan Dirk Epping für ihre stete Hilfsbereitschaft in allen Fragen.

Ein herzlicher Dank gilt meiner ganzen Familie für die Unterstützung in jeder Lebenslage. Ganz besonders möchte ich mich bei Marco Wurzbacher für seine unermüdliche Geduld, sein immer offenes Ohr und seine aufmunternden Worte in den vergangenen Jahren bedanken.

Kurzfassung

Das im Jahr 2006 in unserer Arbeitsgruppe entwickelte β-Diketiminatosilylen zeigt aufgrund seiner zwitterionischen Struktur im Gegensatz zu „gewöhnlichen" Silylenen eine bemerkenswerte Reaktivität. Neben den beiden reaktiven Funktionen am Siliciumzentrum verfügt das β-Diketiminatosilylen über eine zusätzliche Donorfunktion im Ligandenrückgrat. Ziel dieser Doktorarbeit war es, die Reaktivität und katalytische Aktivität des β-Diketiminatosilylens, insbesondere dessen Eigenschaften als Ligand in Übergangsmetallkomplexen, zu untersuchen. Die Umsetzung des Silylens mit AsH_3 liefert beispielsweise durch eine doppelte As-H-Bindungsaktivierung ein donorstabilisiertes Arsasilen mit einer einzigartigen HSi=AsH-Einheit. Die Reaktion des Silylens mit NH_3-BH_3 als Wasserstoffquelle verläuft hingegen zum thermodynamisch stabilen 1,1-Additionsprodukt. Durch gezielte Koordination des Silylens an ein Nickelzentrum lässt sich die Donorfunktion am Siliciumzentrum schützen. Die Wasserstoffaddition mit NH_3-BH_3 erfolgt nun selektiv nur am Silylenliganden zu dem entsprechenden Hydridosilylen-Ni(CO)$_3$-Komplex, während das Ni(CO)$_3$-Molekülfragment unangetastet bleibt. Der Si(II)hydrid-Komplex wurde anschließend erfolgreich in Hydrosilylierungsreaktionen mit Alkinen ohne Zusatz eines exogenen Katalysators getestet. Die stöchiometrische Hydrosilylierung des Si(II)hydrids mit Diphenylacetylen liefert chemoselektiv das Hydrosilylierungsprodukt, dessen Alkenyleinheit *cis*-konfiguriert vorliegt. Es konnte gezeigt werden, dass das Ni(CO)$_3$-Fragment im Si(II)hydrid-Nickelkomplex nicht nur eine Schutzgruppenfunktion besitzt, sondern in der Hydrosilylierungsreaktion eine entscheidende Rolle spielt. Darüber hinaus wurde eine neue Methode für die Synthese neuartiger Übergangsmetallkomplexe, basierend auf dem β-Diketiminatosilylen, entwickelt. Da das freie Silylen mit den Chlor-verbrückten Dimerkomplexe des Typs [M(Cl)cod]$_2$ (M = Rh, Ir) unter milden Bedingungen keine Reaktion eingeht, wurde zunächst die Reaktion des Silylens mit HCl bei tiefen Temperaturen durchgeführt. Hierbei findet eine 1,4-Addition von HCl an das Silylen statt, wobei als labiles Intermediat ein Chlorsilylen entsteht. Dieses ist in der Lage, den [M(Cl)cod]$_2$-Komplex (M = Rh, Ir) aufzubrechen und an das entsprechende Metallzentrum zu koordinieren. Die anschließenden Untersuchungen der katalytischen Aktivität beider Komplexe zeigten, dass die katalytische Reduktion von Amiden mit dem Chlorsilylen-Rhodiumkomplex als Präkatalysator chemoselektiv verläuft und der Zusatz an Li[HBEt$_3$] die katalytische Aktivität des Komplexes hemmt. Der Chlorsilylen-Iridiumkomplex zeigt im Vergleich zum analogen Rhodiumkomplex eine deutlich höhere katalytische Aktivität und eine veränderte Chemoselektivität.

Abstract

The β-diketiminate silylene was devoloped in our group in 2006. It exhibits an unique reactivity compared to "usual" silylenes due to its unique ylide-like structure. In addition to the two reactive functions at the silicon center, the β-diketiminate silylene features another donor side at the backbone of the ligand. The objective of this work was to investigate the reactivity and catalytic activity of this silylene, notably its features as a ligand in transition metal complexes. Therefore, at first the reactivity of the β-diketiminate silylene towards group 15 hydrides was studied. The reaction with PH_3 proceeds selectivly to the 1,1-addition product, a silylphosphane. The transformation of the ylide-like silylene with AsH_3 occurs readily by a double metal-free As-H bond activation, yielding a unique donor-stabilized arsasilene with a HSi=AsH subunit. The reactions of the silylene with HCl and NH_3-BH_3 yield the thermodynamic stable 1,1-products. The reactivity of the silylene is distinctively different when it is coordinated to a $Ni(CO)_3$ fragment, which behaves as a "protecting group" for the silylene moiety. Reactions of the silylene nickel complex with HCl and NH_3-BH_3 lead (without concomitant cleavage the Si-Ni bond) to the 1,4-addition product, the chlorosilylene or hydridosilylene nickel complex, respectively. The latter is suitable to undergo hydrosilylation reactions with stoichiometric amounts of alkynes even in the absence of an exogenous catalyst. The stoichometric hydrosilylation of the silicon(II) hydride with diphenylacetylene proceeds stereoselectively and affords only the *cis* addition product. The hydrosilylation is mediated and influenced by the nickel center. Furthermore a new method for the synthesis of novel transition metal complexes with the β-diketiminate silylene was developed. The free silylene does not react with the dimeric compound of the type [M(Cl)cod]$_2$ (M = Rh, Ir) under mild conditions. However, the reaction of the free silylene with HCl at low temperatures leads to the formation of labile the 1,4-addition product, a chlorosilylene. This instable chlorosilylene exhibits enhanced σ-donor strength compared to the free silylene, which then facilitates the coordination of the silylene to the rhodium or iridium center resulting in novel transition metal chlorosilylene complexes. Both complexes can be utilized as pre-catalysts in the catalytic reduction of amides. The reduction of amides with the rhodium chlorosilylene complex as pre-catalyst proceeds selectively to the C-O cleavage product. An addition of Li[HBEt$_3$] to the catalytic reaction results in a retardation of the catalyst performance. In comparison the chlorosilylene iridium complex as pre-catalyst exhibits a higher catalytic activity and another chemoselectivity.

Inhaltsverzeichnis

Abkürzungsverzeichnis

Abb.	Abbildung
AIBN	Azo-bis(isobutyronitril)
APCI	Atmospheric Pressure Chemical Ionization
Äq.	Äquivalente
Ar	Aryl
BАr$_F$	Tetrakis[3,5-bis(trifluoromethyl)phenyl]borat
ber.	berechnet
CID	collision induced dissociation
cod/ COD	Cyclooctadien
coe/ COE	Cycloocten
Cp*	1,2,3,4,5-Pentamethylcyclopentadienyl
Cy	Cyclohexyl
Cy-2-en	2-Cyclohexen
δ	chemische Verschiebung
d	Abstand
Dipp	2,6-Diisopropylphenyl
dme/DME	1,2-Dimethoxyethan
DPA	Diphenylacetylen
E	Element
Et	Ethyl
gef.	gefunden
h	Stunde(n)
HMQC	Heteronuclear Multiple Quantum Coherence
HOMO	Höchst besetztes Molekülorbital (Highest occupied molecular orbital)
I(*t*-Bu)	1,3-Di-*tert*-butylimidazol-2-ylid
I(Me$_4$)	1,3,4,5-Tetramethylimidazol-2-ylid
i-Pr	*iso*-Propyl
i-Bu	*iso*-Butyl
IR	Infrarot
J	skalare Kopplungskonstante
kat.	katalytische Mengen
L	HC(CMeNDipp)$_2$

Abkürzungsverzeichnis

L'	HC(CMeNDipp)(C(CH$_2$)NDipp)
L^1	HC(CMeNPh)$_2$
L^2	DippN=C(Cy)=C(Ph)Ni-Pr
L$^{2'}$	DippN-C(Cy-2-en)=C(Ph)Ni-Pr
LUMO	Niedrigst unbesetztes Molekülorbital (Lowest unoccupied molecular orbital)
m-tol	$meta$-Toluol
M	Metall(zentrum)
Me	Methyl
MeLi	Methyllithium
Mes	Mesityl (2,4,6-Trimethylphenyl)
min	Minute(n)
ν	Wellenzahl
n-BuLi	n-Butyllithium
Np	Neopentyl
NHC	N-heterocyclisches Carben
NHSi	N-heterocyclisches Silylen
OTf	Triflat (Trifluormethansulfonyl)
Ph	Phenyl
RT	Raumtemperaturs
s-Bu	sec-Butyl
sec	sekundär(e)
t-Bu	$tert$-Butyl
$tert$	tertiär(e)
THF	Tetrahydrofuran
TMEDA	N,N,N',N'-Tetramethylethyldiamin
TMS	Trimethylsilyl
verd.	verdünnt

1   Einleitung

Die Chemie der Carbene und ihrer schweren Homologen hat sich in den letzten Jahrzehnten zu einem wichtigen Forschungsgebiet der Metallorganischen Chemie entwickelt.[1] Insbesondere im Bereich der Carbenchemie wurden seit den 1960er Jahren große Forschritte erzielt.[2] Eine Reihe neuer Carbene wurden synthetisiert, die als Liganden in Übergangsmetallkomplexen rasch industrielle Anwendung beispielsweise in Katalyseprozessen fanden.[3] Einen ultimativen Höhepunkt erreichte dieses Forschungsgebiet im Jahre 2005 als Grubbs, Schrock und Chauvin für die „Entwicklung von Metathesemethoden in der organischen Synthese" mit dem Nobelpreis für Chemie geehrt wurden.[4] Im Vergleich zu den Anwendungsbereichen der Carbene sind die Einsatzfelder ihrer schweren Homologen, den Silylenen, Germylenen, Stannylenen und Plumbylenen (allg. Metallylene) weit weniger erforscht. Aufgrund ihrer Ähnlichkeit mit den Carbenen, aber auch wegen ihrer Unterschiede, wird den Metallylenen eine enorme Bedeutung sowohl in der Grundlagen-, als auch in der anwendungsorientierten Chemie vorhergesagt.

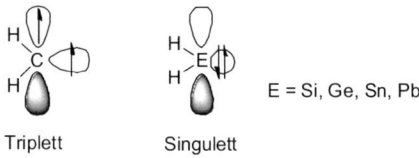

Triplett   Singulett

Abb. 1-1 Grundzustände von Methylen und Metallylenen (E = Si, Ge, Sn und Pb).

Im Gegensatz zum Kohlenstoffatom ist bei den schwereren Atomen der 14. Gruppe die Ausbildung von Hybridorbitalen ungünstig. Während die niedrigvalenten Kohlenstoffverbindungen, die Carbene, auch einen Triplett-Grundzustand haben können, bevorzugen Metallylene einen Singulett-Grundzustand, in dem zwei Elektronen im ns-Valenzorbital verbleiben (Abb. 1-1). Aufgrund des Inert-Pair-Effektes und der größeren s-p-Separierung steigt die relative Stabilität der Metallylen-Singulett-Spezies R_2E: (E = C, Si, Ge, Sn, Pb; R = Alkyl, Aryl) in der 14. Gruppe mit zunehmender Kernladungszahl.[5] Das besetzte ns-Orbital (für n = 3 - 6) ist somit vergleichsweise inert, wohingegen das entsprechende unbesetzte np-Orbital einen entsprechenden Akzeptor-Charakter besitzt und einer Stabilisierung bedarf. Diese Stabilisierung, die eine Dimerisierung bzw. Polymerisierung verhindern soll, kann auf der einen Seite kinetisch durch sperrige und sterisch anspruchsvolle Substituenten erreicht werden. Auf der anderen Seite kann sie auch thermodynamisch mit Hilfe von π-Donorliganden erfolgen z. B. mit benachbarten Stickstoffatomen, den sogenannten *N*-Donoren, die dem entsprechenden niedrigvalenten Atom mit nur sechs, statt acht Valenzelektronen (Oktettregel), zusätzliche Elektronendichte zur Verfügung stellen (Abb. 1-2). Durch den Einsatz cyclischer Systeme kann aufgrund des chelatisierenden Effektes eine weitere Stabilisierung erreicht werden, die durch ein ungesättigtes Rückgrat zusätzlich unterstützt wird.[6] Aus diesen oben genannten Gründen handelt es sich bei den meisten bisher isolierten Silylenen, um die Klasse der sogenannten *N*-heterocyclischen Silylene (NHSi).

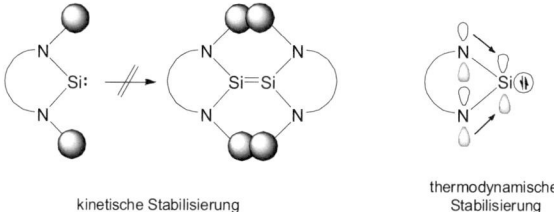

kinetische Stabilisierung

thermodynamische
Stabilisierung

Abb. 1-2 Kinetische und thermodynamische Stabilisierung von Silylenen.

1.1 Stabile Silylene

Nur drei Jahre nach der Entdeckung des ersten *N*-heterocyclischen Carbens (NHC) durch Arduengo,[7] hat auch die Geschichte der *N*-heterocyclischen Silylene ihren Ursprung. Bereits 1994 publizierten West *et al.*[8] die Synthese des ersten NHSis **1** und diesem sollte noch eine Reihe *N*-heterocyclischer Silylene folgen. Die gleiche Arbeitsgruppe veröffentlichte nur zwei Jahre später das Silylen **2** und zeigte, dass die Resonanzstruktur des delokalisierten 6π-Eletronensystems erheblich zur Stabilisierung des Silylens **1** gegenüber **2** beiträgt.[6] Dies machten sich auch Lappert *et al.* zunutze und synthetisierten die 5-gliedrigen Bis(amino)silylene **3a** und **3b**, die durch ein anneliertes Rückgrat stabilisiert werden und jeweils Neopentyl-Substituenten an den Stickstoffatomen tragen (Abb. 1-3).[9]

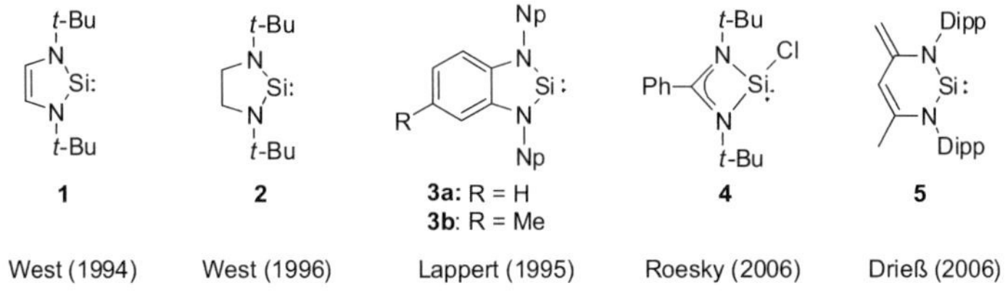

Abb. 1-3 Stabile *N*-heterocyclische Silylene.

In den folgenden Jahren wurden eine Reihe von Derivaten der Silylene **1** - **3a** synthetisiert. Beispielsweise wurden die *tert*-Butylsubstituenten in **1** (am Stickstoffatom) durch Arylsubstituenten wie 2,6-Diisopropylphenyl, Xylyl und Mesityl ersetzt.[10,11] Wohingegen West *et al.* versuchten durch den Einsatz anderer Substituenten am gesättigten Rückgrat in **2** für mehr Stabilität zu sorgen.[12] Auch in Verbindung **3a** wurde das annelierte Ligandenrückgrat modifiziert, in dem ein Stickstoffatom in den Phenylring eingebracht wurde beispielsweise in Form eines Pyridinderivates.[13] Die meisten bekannten cyclischen Silylene bestehen aus einem 5-gliedrigen Ringsystem. Ein Beispiel für ein 4-gliedriges Ringsystem ist das Chlorsilylen **4** von Roesky *et al.*, in dem das Siliciumatom dreifach koordiniert vorliegt.[14] Versuche, die *tert*-Butylgruppen durch Trimethylsilylgruppen zu ersetzen und ein entsprechendes NHSi zu synthetisieren, scheiterten.[15] Seit 2006 wird in unserer Arbeitsgruppe mit dem sechsgliedrigen ylid-artigen NHSi **5** gearbeitet.[16] Durch sein elektronenziehendes Butadien-Rückgrat unterscheidet sich **5** grundlegend von den oben vorgestellten *N*-heterocyclischen Silylenen (s. Abschnitt 1.2).

Im Jahr 2005 entwickelten Lappert *et al.* das erste Bis-Silylen, eine Verbindung, die zwei niedrigvalente Siliciumzentren aufweist.[17] Bis-Silylene lassen sich prinzipiell in zwei Kategorien unterteilen. Auf der einen Seite stehen die 1,2-Bis-Silylene, wie beispielsweise Verbindung **6** von Roesky *et al.*, deren niedrigvalente Siliciumzentren direkt über eine Bindung miteinander verbunden sind.[18,19] Auf der anderen Seite gibt es die Abstandshalter-verbrückten Bis-Silylene. In dem Bis-Silylen **7** werden beispielsweise zwei Einheiten des NHSis **3a**, die am Rückgrat miteinander verbunden sind, kombiniert. In unserer Arbeitsgruppe wurden zudem die Bis-Silylene **8a**[20] und **8b**[21] synthetisiert, in denen die zwei niedrigvalenten Siliciumzentren durch verschiedene Abstandshalter voneinander separiert werden.[20-22] Diese Verbindungsklasse, insbesondere der Pincer-ähnliche Bis-Silylenkomplex

8b, bietet außergewöhnliche Anwendungsmöglichkeiten im Bereich der niedrigvalenten Siliciumchemie.[21,23]

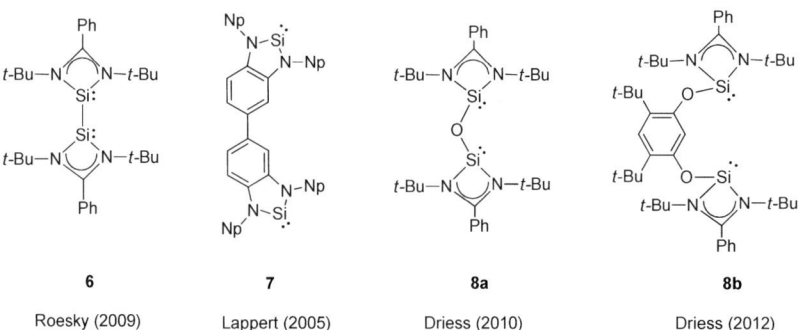

6
Roesky (2009)

7
Lappert (2005)

8a
Driess (2010)

8b
Driess (2012)

Abb. 1-4 Auswahl an Bis-Silylenen.

Anstatt eines N-Donors können natürlich auch andere Donoren zum Stabilisieren des Si(II)-Zentrums genutzt werden. So wurde 2009 das erste Phosphor-stabilisierte Silylen **9** von Baceiredo *et al.* synthetisiert (Abb. 1-5).[24] In diesem Zusammenhang erscheint es als Kuriosität, dass es bereits im Jahr 1999 Kira *et al.* gelungen ist, das Dialkylsilylen **10** zu isolieren. Die Stabilisierung der Verbindung **10** erfolgt sowohl sterisch durch die vier TMS-Gruppen, als auch elektronisch über Hyperkonjugation der Si-C-Bindung der TMS-Gruppen. Diese vergleichsweise schwache Stabilisierung hat allerdings auch zur Folge, dass das carbocyclische Silylen **10** unterhalb von 0 °C gelagert werden muss, da es ansonsten langsam über eine 1,2-Silylumlagerung zum entsprechenden Silaethen reagiert.[25] Zwölf Jahre später gelang es unserer Arbeitsgruppe carbocyclische Silylene (**11a** und **11b**) herzustellen, deren Stabilisierung durch jeweils zwei Phosphorylid-Einheiten erfolgt.[26]

Obwohl der chelatisierende Effekt in den cyclischen Silylenen zur Stabilisierung beiträgt, ist es in den letzten Jahren gelungen, einige wenige acyclische Silylene zu synthetisieren (Abb. 1-6). Den Anfang machten 2003 West *et al.* mit dem offenkettigen Bisaminosilylen **12**, das sich allerdings oberhalb von 0 °C bereits zersetzt.[27] Das analoge Germylen und Stannylen sind bereits seit den 1970er Jahren bekannt, was wiederum die hohe Reaktivität und Instabilität von Silylenen gegenüber ihren schwereren Homologen bestätigt.[28]

9 | 10 | 11a: R = Ph; 11b: R = *m*-tol

Baceiredo (2009) | Kira (1999) | Driess (2011)

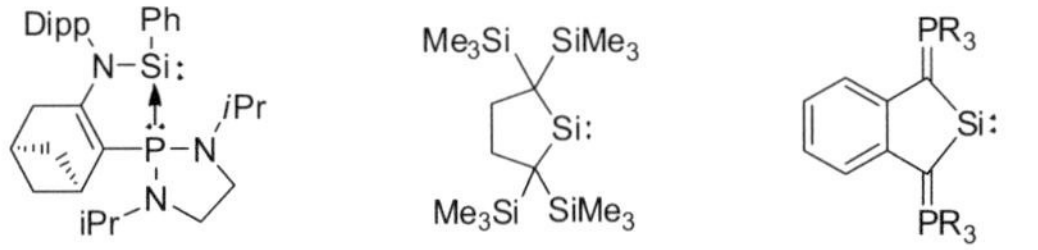

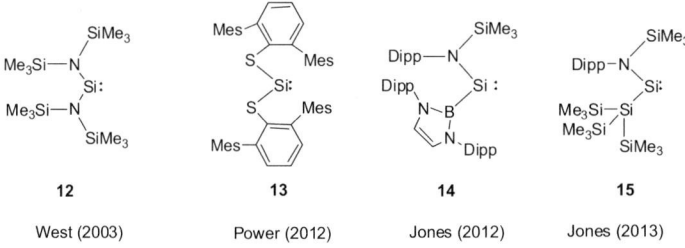

Abb. 1-5 P-stabilisiertes Silylen **9**, carbocyclische Silylene **10**, **11a** und **11b**.

Es dauerte sieben Jahre bis auf dem Gebiet der acyclischen Silylene wieder bemerkenswerte Fortschritte zu beobachten waren. Zunächst eröffneten Filippou *et al.* einen neuen Zugang zu Arylchlorsilylenen über eine NHC-Stabilisierung.[29] Diese machten sich auch Cui *et al.* zunutze und synthetisierten nur ein Jahr später ein ebenfalls NHC-stabilisiertes Aminochlorsilylen.[30] Letztere weisen ebenso wie das Chlorsilylen **4** eine Dreifachkoordination am Siliciumzentrum auf. Der Durchbruch gelang allerdings 2012, als unabhängig voneinander sowohl Power, Tuononen und ihren Mitarbeitern, sowie Jones, Mountford und Aldridge *et al.* neue bei Raumtemperatur stabile, acyclische Silylene synthetisierten.[31] Power *et al.* beschreiben das Bis(arylthio)silylen **13**, welches eine bemerkenswerte Stabilität bis 146 °C aufweist.[32] Das sperrige Boryl(amino)silylen **14** sowie das Silyl(amino)silylen **15** sind sogar in der Lage, bei 0 °C H_2 zu aktivieren.[33]

12 | 13 | 14 | 15

West (2003) | Power (2012) | Jones (2012) | Jones (2013)

Abb. 1-6 Auswahl acyclischer Silylene.

1.2   Aktivierung kleiner Moleküle durch Silylene

Im Vergleich zu den acyclischen Silylenen **14** und **15** sind *N*-heterocyclische Silylene aufgrund ihrer zusätzlichen Stabilisierungen weniger reaktiv. Jedoch verfügt das β-Diketiminatosilylen **5** im Vergleich zu „gewöhnlichen" *N*-heterocyclischen Silylenen nicht nur über die reaktiven Funktionen am Siliciumatom, sondern weist außerdem noch ein zusätzliches Donorzentrum im Ligandenrückgrat auf. Es lässt sich sowohl durch eine allyl-artige, als auch durch eine heterofulven-artige, elektronische Resonanzstruktur beschreiben (Abb. 1-7). Die exocyclische Methylengruppe des Butadien-Rückgrats bildet hierbei ein weiteres nukleophiles Zentrum, welches in das Zusammenspiel der beiden Funktionen am Siliciumatom (das leere 3p-Orbitals, sowie das besetzte 3s-Orbital) mit einwirkt. Somit ist insbesondere das β-Diketiminatosilylen **5** dazu prädestiniert, um auf seine Reaktivität gegenüber kleinen Molekülen getestet zu werden.

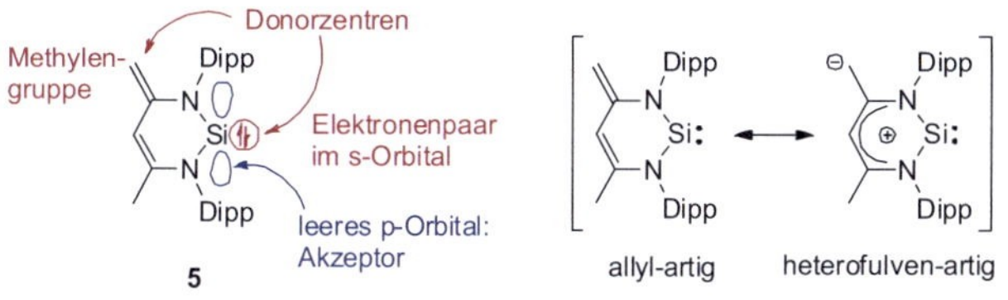

Abb. 1-7 Reaktive Zentren und mesomere Grenzstrukturen des zwitterionischen Silylens **5**.

Diese drei Funktionalitäten erzwingen auf der einen Seite das Arbeiten unter Inertbedingungen, aber schaffen auf der anderen Seite auch die Möglichkeit der metallfreien Aktivierung verschiedener kleiner Moleküle.[34] Daher unterscheidet sich die Chemie des Silylens **5** deutlich von der anderer NHSis. Bereits die Reaktion von **5** mit der Lewis-Säure B(C$_6$F$_5$)$_3$ zeigt den deutlichen Unterschied zu anderen NHSis auf. Während Silylene wie **1** für gewöhnlich mit Lewis-Säuren Silylenboran-Addukte wie **16**[35] bilden, wird B(C$_6$F$_5$)$_3$ im Fall des Silylens **5** an die exocyclische Methylengruppe addiert und die Verbindung **17** entsteht (Schema 1-1).[36]

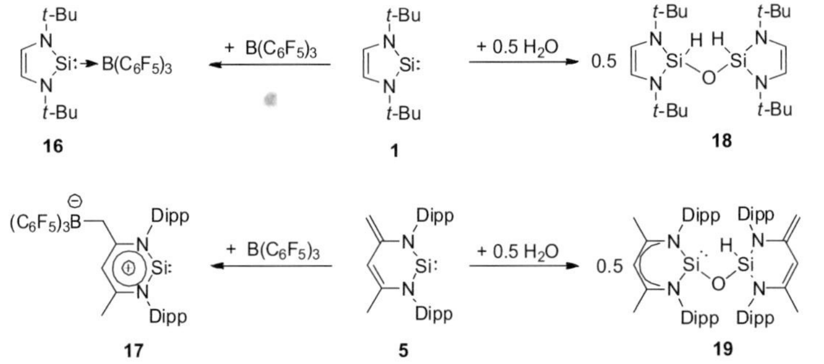

Schema 1-1 Vergleich der Reaktivitäten der Silylene **1** und **5** gegenüber Lewis-Säuren und H_2O.

Betrachtet man die Reaktion von **1** (stellvertretend für die fünfgliedrigen Silylene **1**, **2**, **3a**) mit H_2O, stellt man fest, dass sich das Disiloxan **18** (Schema 1-1) durch einfache Insertion der beiden Siliciumzentren (von zwei Moläquivalenten NHSi) in die O-H-Bindungen bildet.[9,12,37,38] Die Reaktion von **5** hingegen ergibt, aufgrund der drei reaktiven Zentren, das gemischt-valente Disiloxan **19** mit einem Si(IV)- und einem Si(II)-Zentrum. Mit einem Blick auf den Reaktionsmechanismus lässt sich dieses zunächst ungewöhnliche Ergebnis allerdings leicht erklären (Schema 1-2). Die Reaktion von **5** zu **19** findet in mehreren Schritten statt. Zunächst reagiert ein Äquivalent des NHSi **5** mit H_2O in einer 1,4-Addition und bildet das Intermediat **20a**. Im Zuge einer Protonenumlagerung entsteht das 1,1-Additionsprodukt **20b**, das mit einem weiteren Molekül von **5** in einer 1,4-Addition zu Verbindung **19** reagiert.[39]

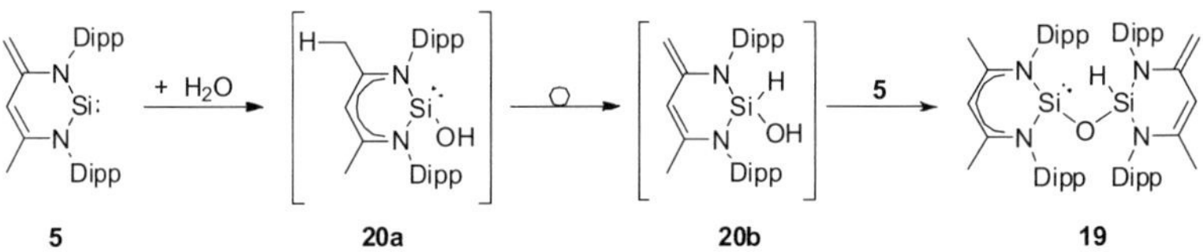

Schema 1-2 Reaktivität des NHSis **5** mit H_2O.

Auch die Reaktion des Silylens **5** mit H_2S kann theoretisch über die zwei Intermediate **21a** und/oder **21b** verlaufen. Im Unterschied zum Produkt der Wasseraddition (**19**) kann in diesem Fall das monomere Silathioformamid **22** isoliert werden (Schema 1-3), was auf die höhere Brønsted-Acidität von H_2S gegenüber H_2O zurückzuführen ist.[40] Die NH_3-Aktivierung und auch die Reaktionen mit Hydrazin oder Methylhydrazin hingegen verlaufen mit **5** mittels 1,1-

Addition direkt am Siliciumzentrum.[41,42] Die im Vergleich geringere Acidität der N-H-Protonen scheint nicht mehr ausreichend zu sein, um die basische Methylengruppe im Ligandenrückgrat zu protonieren.

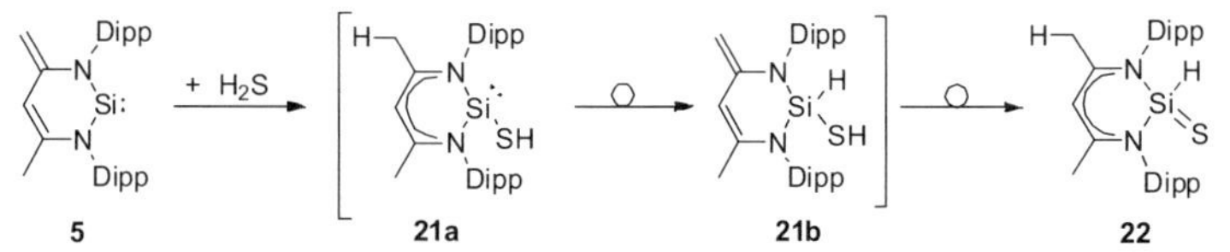

Schema 1-3 H_2S-Aktivierung mit NHSi **5**.

Erstaunlicherweise ist die Aktivierung der C≡C-Dreifachbindung in Acetylen bzw. Phenylacetylen stark temperaturabhängig. Bei tiefen Temperaturen läuft eine [2+1]-Cycloaddition ab, die als einziges Produkt das Silacycloprop-3-en **23a** bzw. **23b** hervorbringt. Bei Raumtemperatur hingegen wird mittels einer C-H-Aktivierung das terminale Alkinylsilan **24a** bzw. **24b** gebildet. Durch C-H-Aktivierung der terminalen Alkinylgruppe mit einem weiteren Äquivalent von **5** ist es möglich, das 1,2-Disilylacetylen **25** zu synthetisieren. Somit ist es auch verständlich, dass für die Reaktion zwischen **5** und Diphenylacetylen temperaturunabhängig nur das Silacycloprop-3-en **23c** entstehen kann (Schema 1-4).[43]

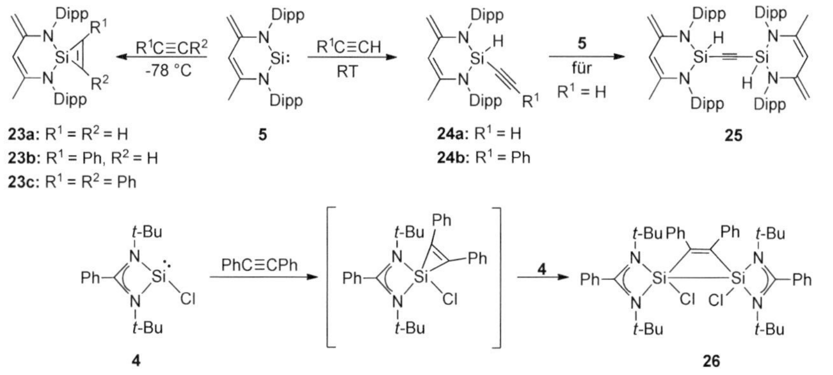

Schema 1-4 Reaktivität der Silylene **4** und **5** gegenüber Acetylenen.

Die Reaktivität des Chlorosilylens **4** gegenüber Diphenylacetylen liefert ein überraschendes Ergebnis. Es wird postuliert, dass auf die anfängliche Cycloaddition eine Insertion eines zweiten Äquivalentes von **4** in die Si-C-Bindung erfolgt und so das Produkt **26** entsteht.[44]

1.3 Silylen-Übergangsmetallkomplexe

In den letzten Jahrzehnten konnten erstaunliche Fortschritte im Bereich der Synthese von Silylen-Übergangsmetallkomplexen beobachtet werden.[45] Im Allgemeinen kann man die Silicium-Übergangsmetall-Doppelbindung in diesen Komplexen über eine σ-Hinbindung, ausgehend vom freien Elektronenpaar am Siliciumatom in ein unbesetztes d_σ-Metallorbital, und einer π-Rückbindung ausgehend vom einem gefüllten d-Orbital des Metallzentrums in das leere p-Orbital am Siliciumzentrum, beschreiben.[46] Im Vergleich zu den Carben-Komplexen besitzen Silylen-Komplexe einen größeren σ-Hinbindungsanteil, wohingegen die π-Rückbindung eher schwach ausgeprägt ist (Abb. 1-8).[47] Daraus resultiert eine stark polarisierte Silicium-Metall-Bindung ($Si^{\delta+}-M^{\delta-}$), die eine Koordination des elektronenarmen Siliciumzentrums durch Donoren/Lewis-Basen wie beispielsweise THF begünstigt.

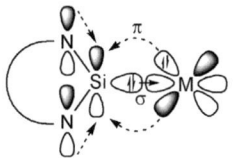

Abb. 1-8 Beschreibung der Bindungssituation in NHSi-Komplexen.

Prinzipiell lassen sich Silylen-Übergangsmetallkomplexe in vier Kategorien einteilen (Typ **I** – **IV**; Abb. 1-9). Die erste Kategorie (**I**) entspricht den klassischen Fischer-Carbenkomplexen.[48] In diesen basefreien Silylenkomplexen ist das Siliciumzentrum dreifachkoordiniert. Die ersten Silylenkomplexe dieser Art wurden von Tilley und Mitarbeitern in den Jahren 1990 und 1993 synthetisiert.[49] Bei den ersten isolierbaren Silylen-Übergangsmetallkomplexen, die unabhängig voneinander in den frühen 1990er Jahren von Tilley *et al.*[50] und Zybill *et al.*[51] synthetisiert wurden, handelt es sich um basenstabilisierte Silylenkomplexe (Typ **II**). Diese werden im Vergleich zu Typ **I** zusätzlich durch einen Donor stabilisiert, was dementsprechend zu einer vierfachen Koordination des Siliciumzentrums führt. Eine neuere Klasse sind die von den isolierbaren N-heterocyclischen Silylenen abgeleiteten Übergangsmetallkomplexe, welche ebenfalls ohne (Typ **III**) und mit Donorstabilisierung (Typ **IV**) vorliegen können. Die intramolekulare Donorstabilisierung dieser Komplexe durch die benachbarten Stickstoffatome bewirkt eine geringere Elektrophilie und Lewis-Acidität am Siliciumatom.

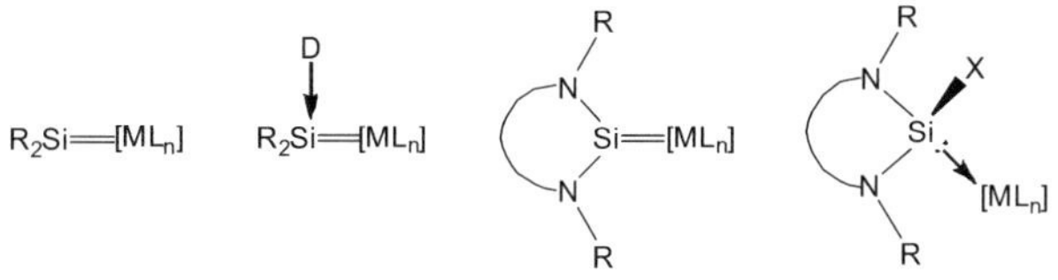

Abb. 1-9 Beschreibung der Kategorien möglicher Silylen-Übergangsmetallkomplexe (D = Donor, L_n = Ligand, R = sperrige Alkyl- oder Arylsubstituenten)

Die Synthese neuer NHSi-Übergangsmetallkomplexe ausgehend von einem freien Silylen kann auf verschiedenen Reaktionswegen erfolgen.

1. Ligandensubstitution:

    Die am weitesten verbreitete Methode, um einen Silylen-Übergangsmetallkomplex ausgehend von einem freien Silylen zu synthetisieren, verläuft über eine Ligandensubstitution am Metallzentrum. Es handelt sich bei Silylenen wie bereits oben erwähnt um starke σ-Donorliganden, die in der Lage sind, Carbonyle, Phosphane oder Olefine in einer nukleophilen Substitutionsreaktion zu ersetzen.

$$n \; \text{NHSi:} \; + \; [M]L_x \; \xrightarrow[-n \, L]{} \; (\text{NHSi:})_n \rightarrow [M]L_{x-n}$$

Schema 1-5 Schematische Darstellung der Ligandensubstitution.

2. Insertion in eine Metall-X-Bindung (X = Hal, H):

    Bei der Reaktion eines Silylens mit einem Metall-Halogenid bzw. -Hydrid kann sich das Siliciumatom in der M-X-Bindung des Metallvorläuferkomplexes einschieben.

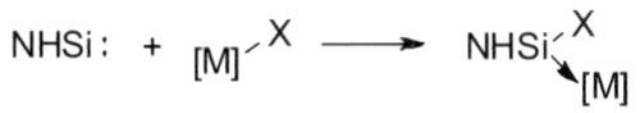

$$\text{NHSi:} \ + \ [M]^{\diagup X} \longrightarrow \text{NHSi} \diagdown_{[M]}^{X}$$

Schema 1-6 Schematische Darstellung der NHSi-Insertion in eine M-X-Bindung.

3. Reduktive Dehalogenierung:

Halogenhaltige Metallvorstufen bieten die Möglichkeit, dass das eingesetzte Silylen sowohl als Reduktionsmittel, als auch als Ligand agiert. Zunächst wird der Einsatz eines ersten Äquivalentes des Silylens benötigt, um den Halogen-Metallkomplex zu reduzieren. Die Koordination eines zweiten Äquivalentes des Silylens kann anschließend an der entstehenden Koordinationsstelle erfolgen.

$$n \ \text{NHSi:} \ + \ [M]\diagup^{X}_{\diagdown X} \xrightarrow[- \text{NHSiX}_2]{} \ (\text{NHSi:})_{n-1} \longrightarrow [M]$$

Schema 1-7 Schematische Darstellung der reduktiven Dehalogenierung.

4. Addition an ein Metallzentrum:

Theoretisch ist es auch möglich, dass das Silylen direkt an das Metallzentrum addiert wird. Auch wenn es sich dabei um eine sehr direkte Methode handelt, müssen hierfür einige Bedingungen durch den Metallkomplex und das Silylen erfüllt sein. Zum Einen muss das Metallzentrum eine freie Koordinationsstelle zur Verfügung stellen und zum Anderen darf das Silylen nur einen geringen sterischen Anspruch aufweisen.

$$\text{NHSi:} \ + \ [M] \longrightarrow \text{NHSi:} \longrightarrow [M]$$

Schema 1-8 Schematische Darstellung der direktem Ligandenanlagerung.

Der erste basenstabilisierte Silylenkomplex **26** wurde, ausgehend vom Diphenylamino(dimethyl)silan **27** und Fe(CO)$_5$, unter Abgabe von CO über eine Eisentetracarbonyl-hydrid-Spezies bereits 1977 von Welz et al. synthetisiert (Schema 1-9).[52] Aufgrund der höheren Basizität des Stickstoffatoms gegenüber Eisen erfolgt eine Protonenumlagerung zum Chlorsilylen-Eisenkomplex **26**. Verbindung **26** ist allerdings thermisch labil und zersetzt sich bei Temperaturen oberhalb von $-20\,°C$.

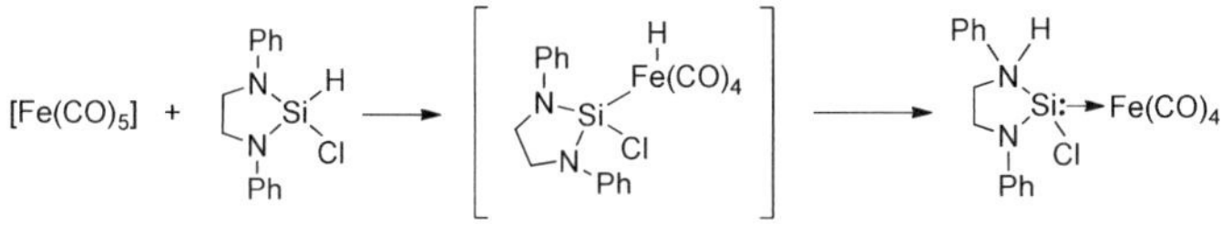

Schema 1-9 Zugang zum ersten isolierten, basenstabilisierten Silylenkomplex **26**.

Es dauerte fast 20 Jahre bis es West und Denk gelang, ein zweites Beispiel für einen NHSi-Eisenkomplex herzustellen. Hierfür wurde das Silylen **1** in einer Ligandensubstitutionsreaktion mit verschiedenen Carbonyl-Übergangsmetallkomplexen (MesCr(CO)$_3$, Fe$_2$(CO)$_9$, Ni(CO)$_4$) umgesetzt.[6,8] Die Substitution von Carbonylliganden[11,53-55], aber auch von Phosphanen[21,56-60], NHCs[61] oder Olefinen[10,59,60,62-65] an Metallzentren entwickelte sich in den folgenden Jahren zu einer gebräuchlichen Methode, um NHSi-Übergangsmetallkomplexe zu synthetisieren (Schema 1-10).

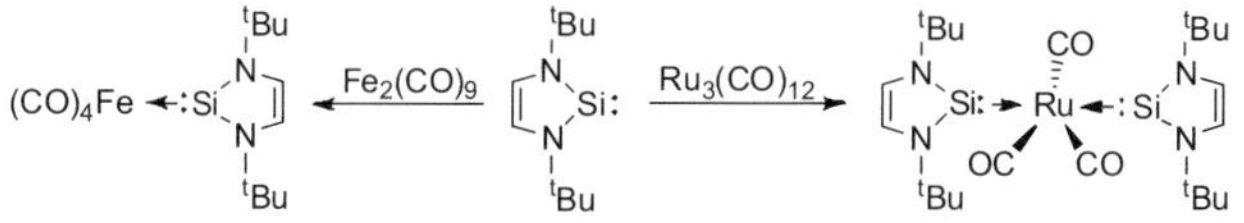

Schema 1-10 Beispiele für die Synthese von NHSi-Übergangsmetallkomplexen über die Substitution von Carbonylliganden

Der Silylen-Ni(CO)$_3$-Komplex **29** aus unserer Arbeitsgruppe, der im Verlauf der vorliegenden Arbeit noch von Bedeutung sein wird, wurde durch eine zweifache Ligandensubstitution synthetisiert (Schema 1-11). Zunächst reagiert hierbei das NHSi **5** mit Ni(cod)$_2$ in Gegenwart von Toluol, zu dem ungewöhnlichen Silylen-(η^6-toluol)-Nickelkomplex **28**, indem beide cod-Liganden durch ein Äquivalent Silylen **5** und einem Toluolmolekül ersetzt werden.[65] Der Toluolligand wird in einem weiteren Reaktionsschritt durch drei CO-Moleküle substituiert und es entsteht der L'Si-Ni(CO)$_3$-Komplex **29** (L' = [HC(CMeNDipp)(C(CH$_2$)NDipp)]).[66]

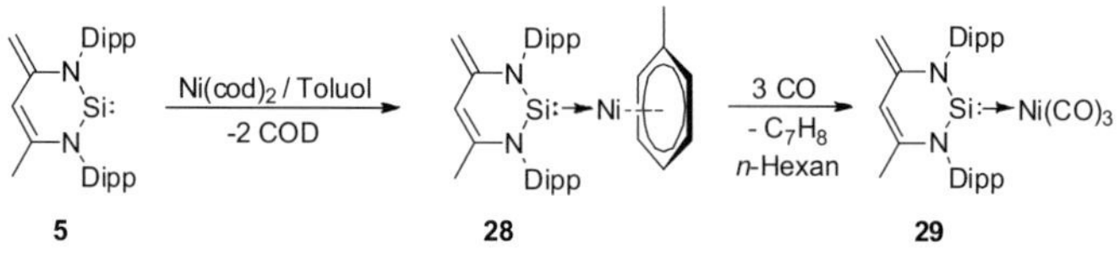

Schema 1-11 Synthese des Silylen-Ni(CO)$_3$-Komplexes **29** über den Silylen-Ni(toluol)-Komplex **28**.

Braun und Mitarbeiter zeigten, dass die Insertion des NHSis **5** in eine Ir-H-Bindung des [Cp*IrH$_4$]-Komplexes zunächst zum zwitterionischen Silyl-Iridium(V)-Komplex **30a** reagiert. Die anschließende Protonenwanderung eines Wasserstoffatoms vom Ir-Zentrum zum elektronenreichen Butadien-Rückgrat des Liganden **5** führt zum Ir(III)-Komplex **30b** (Schema 1-12).[67]

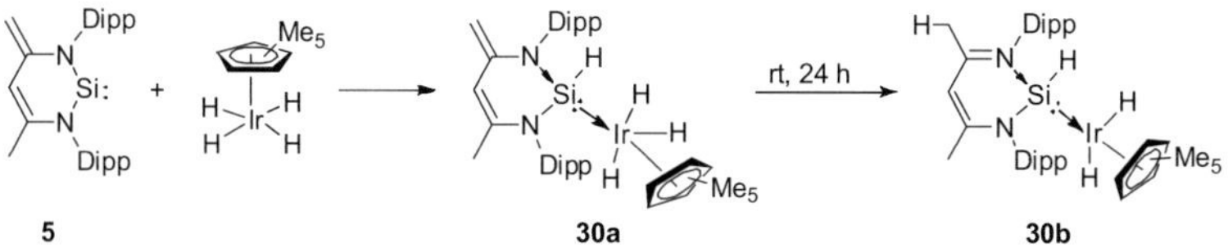

Schema 1-12 Insertion eines Siliciumzentrums in eine Ir-H-Bindung mit anschließender Protonenwanderung.

Die Reaktion von vier Äquivalenten NHSi **3a** mit [PtCl$_2$(PPh$_3$)$_2$] zeigt sowohl eine Insertion des Siliciumzentrum in die zwei Platin-Halogen-Bindungen, als auch eine Substitution der Phosphanliganden (Schema 1-13, links). Bei der Reaktion von vier Äquivalenten **3a** mit [NiCl$_2$(PPh$_3$)$_2$] hingegen findet durch ein Äquivalent des Silylens **3a** die Reduktion des Nickelzentrums zu Ni(0) statt. Die verbleibenden drei Äquivalente NHSi **3a** stehen zur Koordination an das Ni-Atom zur Verfügung, sodass noch ein Phosphanligand am Metallzentrum zurückbleibt (Schema 1-13, rechts). Nutzt man für die gleiche Reaktion hingegen fünf Äquivalente des Silylens **3a** erhält man einen homoleptischen NHSi-Nickelkomplex mit vier **3a**-Liganden.[59]

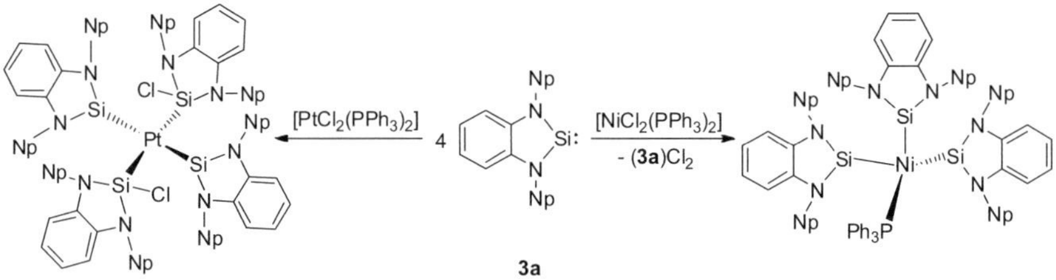

Schema 1-13 Übergangsmetallkomplexe mit **3a** durch Insertion- und Reduktion-, sowie Substitutionsreaktion.

Die Reaktivität der meisten NHSi-Komplexe ist bis heute weitgehend unerforscht.[45] Während sich viele NHSi-Übergangsmetallkomplexe mit H_2O zersetzen oder eine Vielzahl von Produkten bilden, addiert der **1**-Mo-Komplex ein H_2O-Molekül an die Si-Mo-Bindung (Schema 1-14).[57] Im Gegensatz dazu reagieren kleine Moleküle wie H_2O, H_2S, NH_3 oder andere Amine mit dem L'Si-Ni(CO)₃-Komplex **29** mittels 1,4-Addition an den Liganden und lassen das Metallkomplexfragment unangetastet.[40]

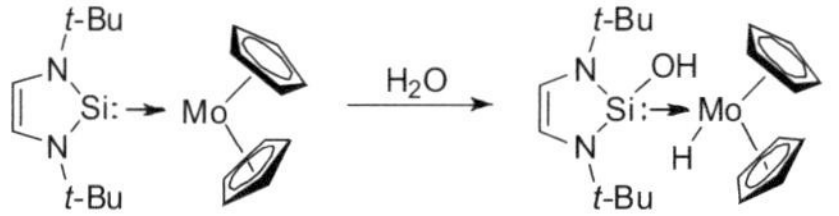

Schema 1-14 H_2O-Aktivierung über die Si-Mo-Bindung

Erstaunlicherweise ist NHSi **1** nicht nur als σ-Donorligand einsetzbar, sondern agiert zeitgleich als η^5-koordinierender π-Donor in **31** (Schema 1-15, links).[68] Der **1**-Ru(Cl)Cp*-Komplex **32** ist in der Lage, verschiedene Silane zu addieren. Dies geschieht unter Einbeziehung des Silylenliganden. Die Silane addieren hierbei sowohl an das Silicium- und als auch an Metallzentrum des Komplexes **32**. Es entstehen die zweikernigen Komplexen **33a** und **33b** (Schema 1-15, rechts). Im Gegensatz dazu bleibt der Phosphanligand in einer analogen Reaktion mit dem verwandten (i-Pr₃P)-Ru(Cl)Cp*-Komplex unschuldig und ist an die Reaktion mit Silanen nicht involviert.

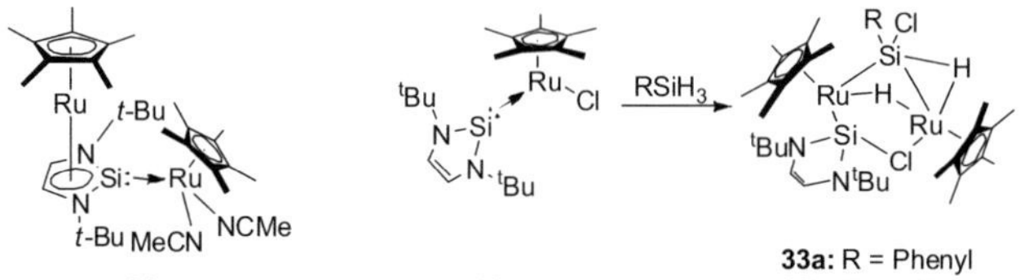

31 32 **33a:** R = Phenyl
33b: R = *n*-Hexyl

Schema 1-15 NHSi **1** als σ- und η^5-koordinierender π-Donor; Aktivierung von Silanen mit **32.**

Bis heute gibt es nur wenige NHSi-Übergangsmetallkomplexe deren katalytische Aktivität getestet wurde.[69] Den Anfang machten im Jahr 2001 Fürstner *et al.*, deren [**1**-Pd(PPh_3)]$_2$-Dimerkomplex **34** mit verbrückender NHSi-Einheit als Präkatalysator in Suzuki-Kupplungsreaktionen erfolgreich eingesetzt wurde (Schema 1-16).[58]

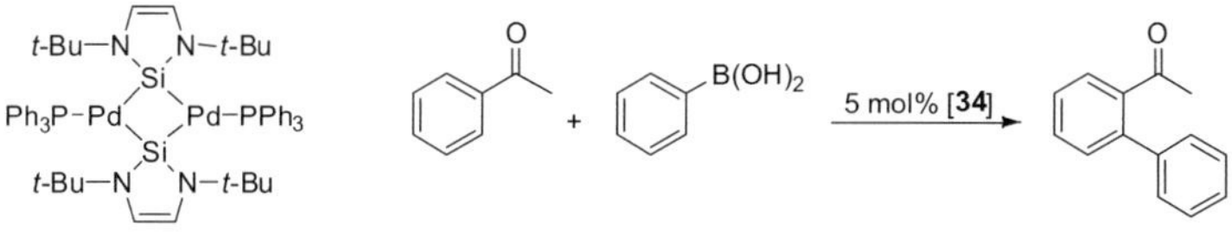

34

Schema 1-16 Suzuki-Kupplung durchgeführt mit dem NHSi-Übergangsmetallkomplex **34.**

Der **1**-Pd-Komplex **35** (Abb. 1-10) wurde von Roesky *et al.* in der Heckreaktion von Bromoacetophenon und Styren genutzt.[70] Erst kürzlich wurden in unserer Arbeitsgruppe weitere Erfolge in der Erforschung der katalytischen Aktivität einiger NHSi-Übergangsmetallkomplexe erzielt. So wurde die katalytische Aktivität des NHSi-Hydrid-Eisenkomplexes **36** gegenüber der Hydrosilylierung von Ketonen getestet.[71] Neben diesen auf dem Silylen **1** und dem Chlorsilylen **4** basierende NHSi-Komplexen, wurde in den letzten Jahren die Aktivität der Bis-Silylenkomplexe **37** und **38** (Abb. 1-10), insbesondere aber die der Silylen-Pincerkomplexe (s. Kapitel 3.2 und 3.3) untersucht, die auf dem Liganden **8b** (Abb. 1-4) aufbauen.[21,23,72,73]

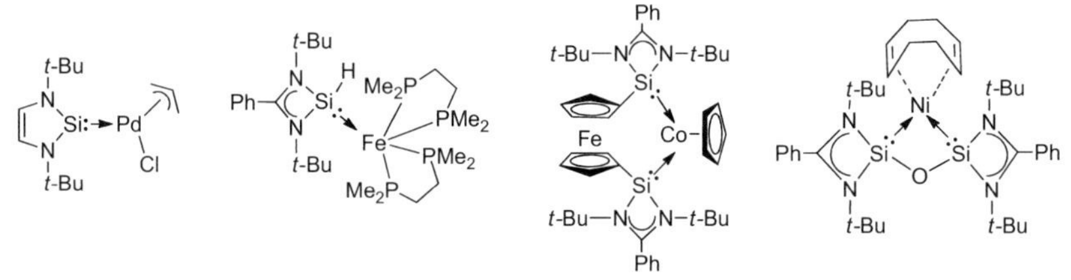

35 36 37 38

Abb. 1-10 Auswahl von NHSi-Übergangsmetallkomplexe, die erfolgreich in Katalysereaktionen eingesetzt wurden.

2 Aufgabenstellung und Zielsetzung

Das β-Diketiminatosilylen **5** unterscheidet sich aufgrund seiner zwitterionischen Struktur von der Reaktivität anderer *N*-heterocyclischer Silylene. Neben den beiden reaktiven Funktionen am Siliciumzentrum verfügt das β-Diketiminatosilylen **5** über eine zusätzliche Donorfunktion im Ligandenrückgrat. Die Verbindung **5** ist dadurch in der Lage, auf unterschiedlichste Weise kleine Moleküle zu aktivieren. Dabei ist es möglich, durch die Wahl der Reagenzien eine, zwei oder alle drei Funktionen anzusteuern. Nutzt man die σ-Donorfähigkeit des freien Elektronenpaares am Siliciumzentrum und koordiniert das Silylen **5** an ein Nickelzentrum wie es in **29** der Fall ist, wird diese reaktive Donorfunktion im Silylen blockiert. Allerdings bleiben zwei reaktive Zentren zurück, die Reaktionen eingehen können. Für den Silylen-Ni(CO)₃-Komplex **29** konnte gezeigt werden, dass die Aktivierung kleiner Moleküle weiterhin abläuft (Schema 2-1). Die Ni(CO)₃-Gruppe dient in diesen Fällen lediglich als Schutzgruppe und greift in die Reaktionen nicht ein.[40]

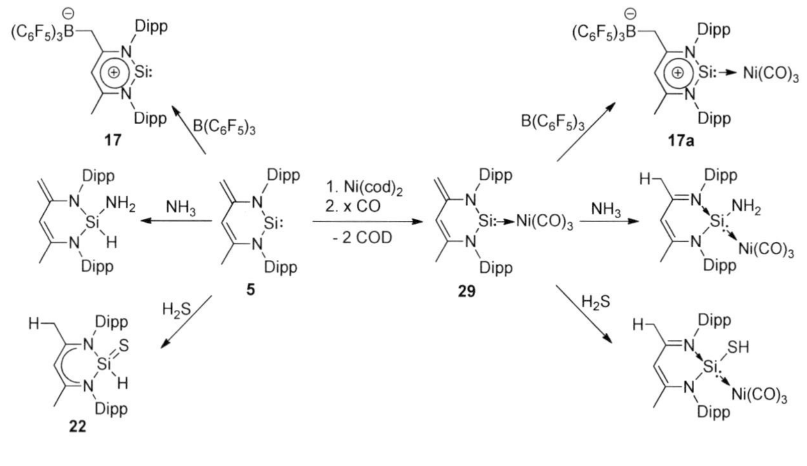

Schema 2-1 Vergleich der Reaktivitäten des Silylens **5** und des Silylen-Ni(CO)₃-Komplexes **29** gegenüber der Lewis-Säure B(C₆F₅)₃, NH₃ und H₂S.

In der Einleitung wurden einige NHSi-Übergangsmetallkomplexe beschrieben. Doch in vielen Fällen ist die Reaktivität und katalytische Aktivität dieser Komplexe bisher wenig oder gar nicht untersucht worden.[45,69] Aufgrund der höheren Reaktivität von *N*-heterocyclischen

Silylenen im Vergleich zu *N*-heterocyclischen Carbenen erhofft man sich von NHSi-Übergangsmetallkomplexen eine hohe katalytische Aktivität.

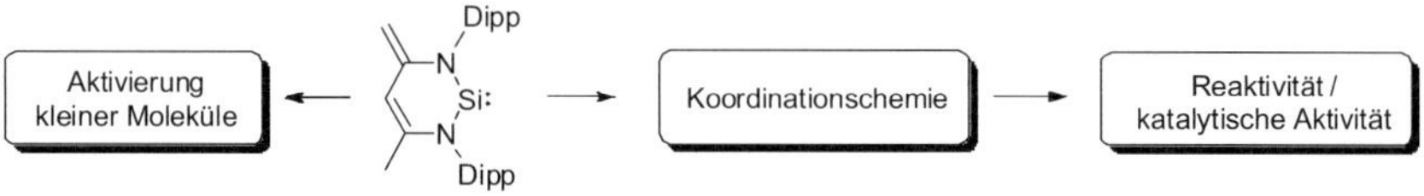

Abb. 2-1 Schematische Darstellung der Zielsetzung.

Ziel der vorliegenden Arbeit ist es, die Reaktivität und katalytische Aktivität des β-Diketiminatosilylens **5**, insbesondere als Ligand in Übergangsmetallkomplexen, näher zu erforschen. Die Reaktivität des Silylen-Ni(CO)₃-Komplexes **29** soll über den bekannten Aspekt der selektiven 1,4-Addition kleiner Moleküle und dessen Auswirkung auf die Donor-Akzeptor-Stärke hinaus, untersucht werden. Aus diesem Anlass soll eine Möglichkeit gefunden werden, das Metallkomplexfragment der Verbindung **29**, das bei der 1,4-Addition unangetastet bleibt, mit in die Reaktion einzubinden. Zusätzlich soll die katalytische Aktivität des Komplexes getestet und gegebenenfalls ein Zugang zu anderen, reaktiveren Übergangsmetallkomplexen eröffnet werden, um den Einfluss des β-Diketiminatosilylens **5** als Ligand in einem Übergangsmetallkomplex auf dessen Reaktivität und katalytische Aktivität zu untersuchen (Abb. 2-1).

3 Diskussion der Ergebnisse

3.1 Aktivierung kleiner Moleküle durch das Silylen 5

Wie in den letzten Abschnitten bereits beschrieben, ist das β-Diketiminatosilylen **5** aufgrund seiner ylid-artigen zwitterionischen Struktur für die Aktivierung kleiner Moleküle gut geeignet.[34] Die Methylengruppe im Ligandenrückgrat und das freie Elektronenpaar am Siliciumzentrum fungieren als Donor, wohingegen das unbesetzte 3p-Orbital am Siliciumzentrum sehr elektrophil ist und als Akzeptor dient (Abb. 1-7). Das Ligandenrückgrat wird hierbei von Lewis-Säuren bevorzugt,[36] während das freie Elektronenpaar am Siliciumatom beispielsweise als σ-Donor bei der Bildung von Übergangsmetallkomplexen genutzt werden kann.[65,66] Wie auch die Reaktionen anderer N-heterocyclischer Silylene zeigen, können kleine Moleküle (beispielsweise Ammoniak, Phenylacetylen, Pentafluorbenzol oder Halogenkohlenwasserstoffe) direkt in 1,1-Position am Siliciumzentrum addiert werden.[34,41,43,74,75] Die Beobachtung der Reaktion von NHSi **5** mit H$_2$O weist Anzeichen auf, dass zuerst eine 1,4-Addition zu **20a** stattfindet, bevor durch Protonenwanderung das stabilen Produkte **19** gebildet wird (Schema 1-2). Besonders gut lässt sich die Wanderung der funktionellen Gruppe von der exocyclischen Methylengruppe zum Siliciumzentrum anhand der Reaktion mit Trimethylsilyltriflat beobachten (Schema 3-1). Diese Reaktion verläuft in zwei Schritten. Bei tiefen Temperaturen wird hier zunächst eine 1,4-Addition über den C$_3$N$_2$Si-Heterocyclus beobachtet und das kinetische Produkt (1,4-Additionsprodukt) gebildet, das sich bei Raumtemperatur über eine Wanderung der Trimethylsilylgruppe in das thermodynamische Produkt (1,1-Additionsprodukt) umwandelt.[16]

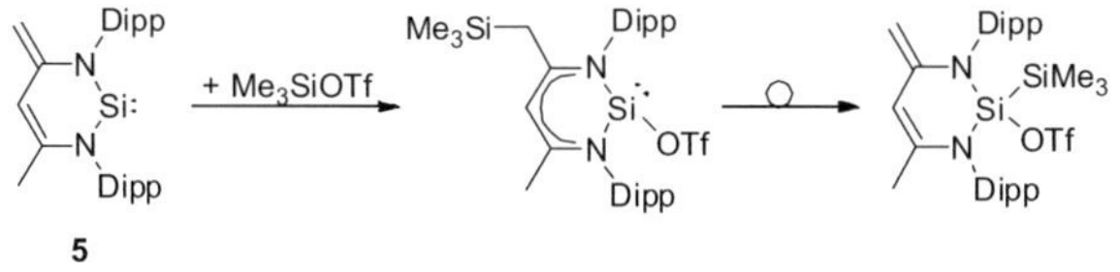

Schema 3-1 Reaktion des Silylens **5** mit Trimethylsilyltriflat.

3.1.1 Addition von HCl

Ausgehend vom freien Liganden **39** (LH, L = HC(CMeNDipp)$_2$), der zunächst mit *n*-Butyllithium zu der lithiierten Spezies **40** deprotoniert wird, können die LGe(II)- und LSn(II)-Chloride **41a** und **41b** direkt mit GeCl$_2$·Dioxan bzw. SnCl$_2$ synthetisiert werden (Schema 3-2).[76] Im Gegensatz zu diesen Chlorgermylen- und Chlorstannylen-Verbindungen konnte die analoge Chlorsilylen-Verbindung **41** bis heute nicht direkt aus **40** synthetisiert werden. Grund dafür ist vermutlich die mangelnde Stabilität von **41** im Vergleich zu dessen schwereren Homologen (s. Abschnitt 3.1.5).[77]

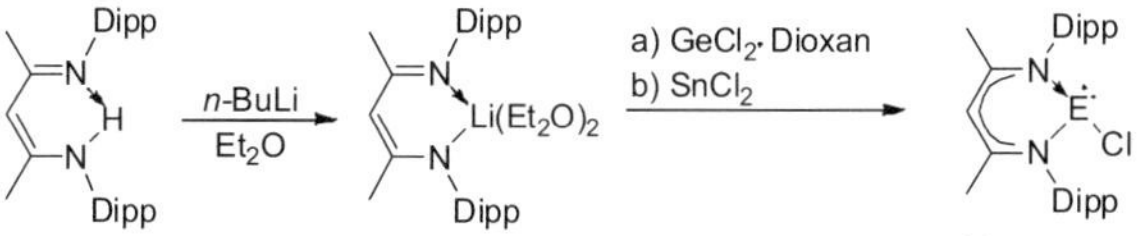

Schema 3-2 Synthese der Ge(II)- und Sn(II)-Chloride **41a** und **41b**.

Die Reaktion des β-Diketiminatosilylens **5** mit einer HCl-Etherlösung liefert bei Raumtemperatur das Chlorsilan **42** (Schema 3-3). Allerdings konnte schon 2006 gezeigt werden, dass die Addition einer Brønsted-Säure an das Silylen **5** am Ligandenrückgrat stattfindet.[36] Daher ist anzunehmen, dass zunächst eine 1,4-Addition des Chlorwasserstoffs an **5** zum kinetischen Zwischenprodukt **41** erfolgt und anschließend durch eine Protonenwanderung das thermodynamische Produkt **42** gebildet wird. Die Reaktionsmischung aus Silylen **5** und HCl-Etherlösung wird bei Raumtemperatur 4 h gerührt und anschließend filtriert, um unlösliche Nebenprodukte zu entfernen. Verbindung **42** kann mit einer Ausbeute von 61 % als gelber Feststoff erhalten werden.

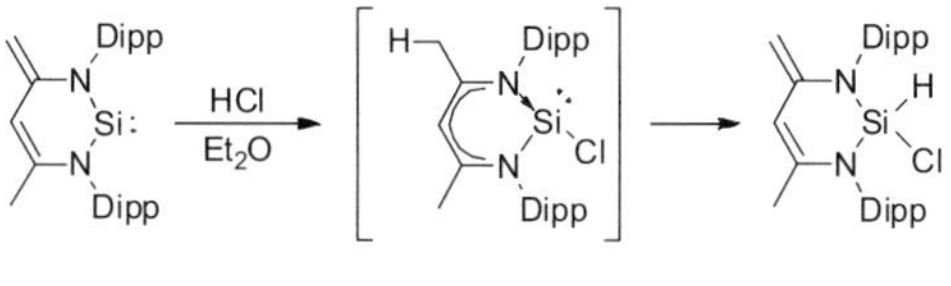

Schema 3-3 Reaktion des Silylens **5** mit HCl zum Chlorsilan **42**.

Das ^{1}H-NMR-Spektrum der Verbindung **42** zeigt Resonanzen die der exocyclischen Methylengruppe zugeordnet werden können. Da die CH$_2$-Protonen chemisch nicht äquivalent sind, werden hier zwei Resonanzen bei $\delta = 3.97$ und 4.41 ppm mit einem Integral für jeweils 1H beobachtet. Die acht Dubletts der acht CH$_3$-Gruppen der Diisopropylphenylsubstituenten werden im Bereich zwischen $\delta = 1.12$ und 1.38 ppm mit einer ^3J(H,H)-Kopplung von 6.8 Hz beobachtet. Die Methylgruppe des Ligandenrückgrats ist bei $\delta = 1.42$ ppm zu finden, und das charakteristische Signal des γ-H-Atoms ist bei $\delta = 5.30$ ppm im Vergleich zum Silylen **5** ($\delta = 5.44$ ppm) hochfeldverschoben. Das Si-H-Atom erzeugt eine Resonanz bei einer Verschiebung von $\delta = 5.59$ ppm. Anhand der ^{29}Si-Satelliten dieses Signals konnte eine ^1J(Si,H)-Kopplung von 304 Hz ermittelt werden. Mit Hilfe dieser ^1J(Si,H)-Kopplung wurde im ^{29}Si-INEPT-NMR-Spektrum eine Resonanz bei $\delta = -36.0$ ppm beobachtet, die damit in einem typischen Bereich N-heterocyclischer Hydrochlorsilane ($\delta = -36.1$ bis -39.3 ppm, ^1J(Si,H) = 285 bis 320 Hz)[78] liegt. Im ^{13}C-NMR-Spektrum ist das Signal der Methylgruppe im Rückgrat bei $\delta = 21.5$ ppm zu finden, während die Signale der Methylgruppen der Dipp-Substituenten zwischen $\delta = 24.3$ und 26.2 ppm zu beobachten sind. Die Verschiebung der CH-Resonanzen der Isopropylgruppen befinden sich im Bereich von $\delta = 28.3$ bis 28.8 ppm. Die Signale des Ligandenrückgrats erscheinen bei $\delta = 87.6$ (CH$_2$), 104.1 (γ-C), 140.7 (NCMe) und 147.3 ppm (NCCH$_2$). Die Si-H-Valenzschwingung von **42** liegt im IR-Spektrum bei $\nu = 2238$ cm^{-1} und somit annähernd vergleichbar mit der Wellenzahl der Si-H-Valenzschwingung in HSiCl$_3$ ($\nu = 2258$ cm^{-1}) und der eines N-heterocyclischen Hydrochlorsilans ($\nu = 2216$ cm^{-1}) von Cui et al.[78] Das EI-Massenspektrum von **42** bestätigt die Zusammensetzung der Verbindung und zeigt den Molekülionenpeak (M$^+$) bei $m/z = 480$ (4 %). Der Basispeak kann dem Molekülfragment nach Verlust einer Methylgruppe $m/z = 465$ (100 %) zugeordnet werden.

Im Jahr 2009 konnte in unserer Arbeitsgruppe die Verbindung **42** als Nebenprodukt der Reaktion des Silylens **5** mit RSiCl$_3$ (R = H, Me) beobachtet und durch Umsetzung des Silylens **5** mit NEt$_3$·HCl nachgewiesen werden.[74]

3.1.2 Addition von Amminboran

In der heutigen Zeit knapper werdender Rohstoffe ist der Zugang zu einer unabhängigen und günstigen Energieversorgung notwendig. Daher ist die Aktivierung kleiner Moleküle, insbesondere die von molekularem Wasserstoff, in Abwesenheit eines Katalysators bzw. eines Übergangsmetalls ein viel untersuchtes Forschungsgebiet.[79] Beispielsweise gelang Power *et al.* die erfolgreiche H_2-Addition bei milden Bedingungen mit einem Diarylstannylen.[80] Ebenfalls bei Raumtemperatur und Atmosphärendruck konnte die Aktivierung von molekularem Wasserstoff mit einem Digermin beobachtet werden.[81] Bereits 2007 zeigten Bertrand *et al.*, dass Alkylaminocarbene im Gegensatz zu *N*-heterocyclischen Carbenen in der Lage sind, H_2 zu addieren.[82] Wie für die NHCs wurde auch für die verwandten NHSis bis heute keine Möglichkeit gefunden molekularen Wasserstoff zu aktivieren.[41] Zusätzlich bestätigen theoretische Rechnungen, dass das L'Si: **5** unter milden Bedingungen gegenüber H_2 inert ist.[77] Wie bereits in der Einleitung erwähnt, wurden in den letzten Jahren acyclische Silylene geschaffen, die in der Lage sind Wasserstoff zu aktivieren.[33,83] Aufgrund dieser Inertheit des molekularen Wasserstoffs gegenüber dem *N*-heterocyclischen Germylen (NHGe) **5a** beschlossen Roesky und Mitarbeiter, anstatt von molekularem Wasserstoff, Amminboran als Wasserstoffquelle einzusetzen. Der farblose und bei Raumtemperatur stabile Feststoff eignet sich hervorragend als Wasserstoffträger. Der Vorteil von Amminboran gegenüber molekularem H_2 liegt, neben der leichten Handhabung, darin, dass der Wasserstoff in Amminboran bereits in polarisierten E-H-Bindungen (hier: E = N, B) mit einer protischen N-H- und einer hydridischen B-H-Bindung vorliegt.[84] Die 1:1-Reaktion von L'Ge: **5a** mit Amminboran liefert das 1,4-Additionsprodukt **43a** (Schema 3-4).[41]

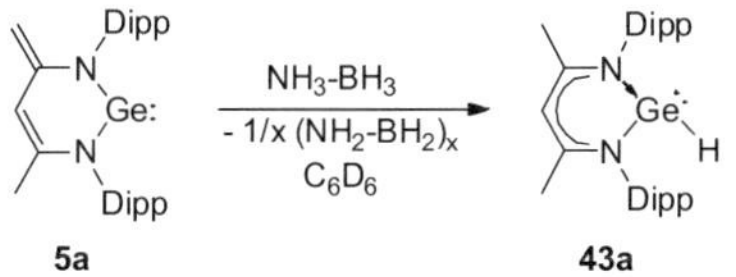

Schema 3-4 Reaktion des NHGes **5a** mit Amminboran.

Bei der Umsetzung des Silylens **5** mit NH_3-BH_3 in THF kann bei Raumtemperatur eine langsame Entfärbung der Reaktionslösung beobachtet werden. Im Gegensatz zu der Umsetzung des verwandten Germylens **5a** entsteht hier das thermodynamisch stabile 1,1-

Additionsprodukt **44** (Schema 3-5). Nach dem Abfiltrieren unlöslicher Bestandteile, die u. a. restliches $(BN)_xH_y$-Material des eingesetzten Amminborans enthalten, kann die Verbindung L'SiH$_2$ **44** aus n-Hexan kristallisiert werden. Das Produkt wird anschließend in Form farbloser Nadeln mit einer isolierten Ausbeute von 53 % erhalten.

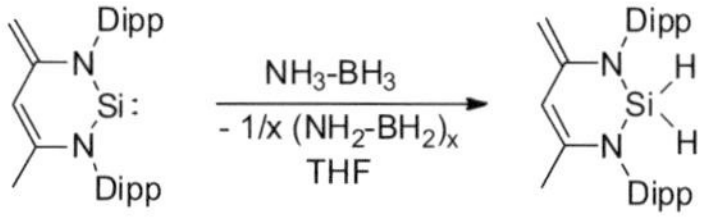

5   **44**

Schema 3-5 Umsetzung des Silylens **5** mit Amminboran.

Im ^{1}H-NMR-Spektrum von **44** (Abb. 3-1) sind nur vier Dubletts für die Methylgruppen der Dipp-Substituenten im Bereich von $\delta = 1.14$ bis 1.34 ppm zu beobachten, was auf eine erhöhte Symmetrie der Verbindung **44** gegenüber **42** zurückzuführen ist. Die dazugehörigen Septetts der CH-Protonen mit einer ^3J(H,H)-Kopplung von 6.9 Hz überlagern sich bei einer Verschiebung von $\delta = 3.53$ und 3.57 ppm. Die Protonen der Methylgruppe und der Methylengruppe des Ligandenrückgrats sind jeweils als Singulett bei $\delta = 1.47$ und 3.44 bzw. 4.00 ppm zu finden. Die Resonanz des γ-Wasserstoffatoms wird bei $\delta = 5.29$ ppm sichtbar. Das Signal der Si-H-Gruppe ist bei $\delta = 5.01$ ppm mit einer ^1J(Si,H)-Kopplung von 234 Hz zu finden. Die Resonanz des Si-H-Atoms von **44** ist somit im Vergleich zu dem von **42** ($\delta = 5.59$ ppm) zu höherem Feld verschoben und besser abgeschirmt. Die Resonanz für das Si-Atom ist im ^{29}Si-INEPT-NMR-Spektrum bei einer Verschiebung von $\delta = -39.1$ ppm zu beobachten und damit im Vergleich zu **42** ebenfalls hochfeldverschoben. Die Signale der Methylgruppe des Ligandenrückgrats und die der Dipp-Substituenten treten im ^{13}C-NMR-Spektrum von **44** bei $\delta = 21.7$ ppm bzw. im Bereich von $\delta = 24.6$ bis 26.1 ppm auf. Die Resonanzen der entsprechenden CH-Gruppen sind bei $\delta = 28.7$ und 28.9 ppm zu finden. Die Signale der Methylengruppe und des γ-C-Atoms sind bei $\delta = 85.9$ bzw. 102.5 ppm zu beobachten. Die Si-H-Streckschwingungen zeigt sich im IR-Spektrum bei $\nu = 2168$ und 2135 cm^{-1}. Im Vergleich zu dem oben genannten Hydrochlorsilan **42** ($\nu = 2238$ cm^{-1}) sind die Si-H-Valenzschwingungen zu kleineren Wellenzahlen verschoben, was für eine schwächere Si-H-Bindung in **44** gegenüber **42** spricht. Das ESI-Massenspektrum von **44** bestätigt die Zusammensetzung der Verbindung und zeigt den Molekülionenpeak (M$^+$) bei $m/z = 447$ (11 %) sowie den des freien Liganden bei $m/z = 419$ (100 %).

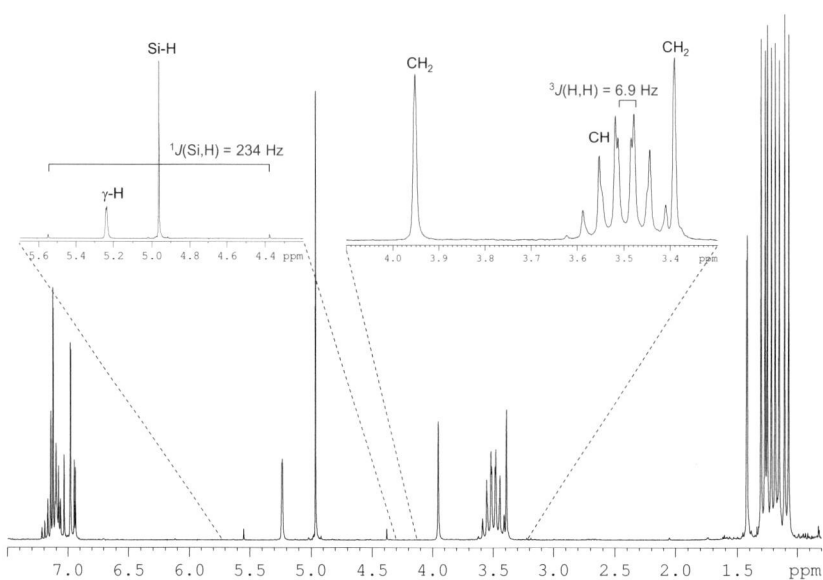

Abb. 3-1 ^{1}H-NMR-Spektrum (C$_6$D$_6$) von **44**. Die Ausschnitte zeigen den Bereich von δ = 3.3 - 4.1 ppm mit ^3J(H,H)-Kopplungen der Isopropylgruppen und den Bereich von δ = 4.2 - 5.7 ppm incl. ^1J(Si,H)-Kopplung.

Aus einer gesättigten n-Hexanlösung konnten bei −30 °C geeignete Einkristalle für eine Röntgenstrukturanalyse gewonnen werden (Abb. 3-2). Die farblosen Blöcke kristallisieren in der monoklinen Raumgruppe $P2_1/c$. Es befinden sich zwei Moleküle (**44A** und **44B**) in der asymmetrischen Einheit. Die Silicium(IV)atome sind verzerrt tetraedrisch umgeben. Vergleicht man die Umgebung der Siliciumatome beider Moleküle (**44A** und **44B**) fällt ein signifikanter Unterschied auf. Das Si1-Atom ragt in Verbindung **44A** um 42.2 pm aus der C$_3$N$_2$-Ligandenebene heraus. Der Faltungswinkel α, der sich aus der C$_3$N$_2$-Ligandenebene und der SiN$_2$-Ebene ergibt, beträgt 23.3°. Dahingegen nähert sich das Siliciumatom von **44B** deutlich der Ligandenebene an und der Abstand zur Ebene beträgt lediglich 13.6 pm. Der C$_3$N$_2$Si-Ring ist annährend planar und es ergibt sich ein Faltungswinkel α von nur 7.3°. Der N1-Si-N2-Winkel beträgt in beiden Fällen 104.4° und die Si-N-Bindungen sind mit einer Länge von etwa 172 pm im Vergleich zu typischen Si-N-Einfachbindungen (180 pm)[85] verkürzt, was wiederum auf die bestehende π-Wechselwirkung zurückzuführen ist.

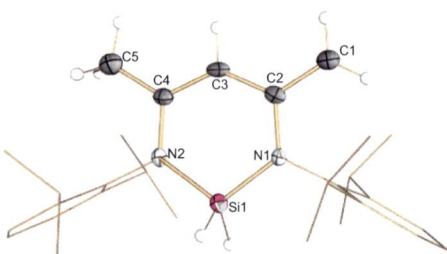

Abb. 3-2 Molekülstruktur von **44B**. Die Wasserstoffatome (mit Ausnahme derer, die sich an C1, C3, C5 und Si1 befinden) sind aus Gründen der Übersichtlichkeit nicht abgebildet. Die thermischen Schwingungsellipsoide repräsentieren 50 % der Aufenthaltswahrscheinlichkeit.

Die Molekülstruktur bestätigt zudem, dass die Wasserstoffaddition am Siliciumzentrum und nicht am Ligandenrückgrat stattgefunden hat. Die exocyclischen C1-C2- bzw. C4-C5-Bindungen im Ligandenrückgrat liegen mit 140.3 und 145.0 pm (**44A**) bzw. 143.2 pm (**44B**) zwischen den Längen typischer C-C-Einfach- und Doppelbindungen. Dieser Effekt kann auf eine Lagefehlordnung zurückgeführt werden, da sich die C=C-Doppelbindung sowohl an der C1-C2-Position als auch an der C4-C5-Position befinden kann. Daraus ergeben sich für beide Bindungslängen gemittelte Werte.

Tab. 3-1 Ausgewählte Abstände [pm] (oben) und Winkel [°] (unten) für L'SiH$_2$ (**44A** und **44B**).

	44A	**44B**
Si1-N1	172.7(2)	172.0(2)
Si1-N2	172.4(2)	172.1(2)
C1-C2	140.3(4)	140.3(4)
C4-C5	145.0(3)	143.2(4)
d(Si-C$_3$N$_2$-Ebene)	42.2	13.6
N1-Si1-N2	104.4 (1)	104.3(1)
α	23.3	7.3

3.1.3 Addition von Monophosphan

Die Reaktion des Silylens **5** mit PH_3 findet in Toluol mit einem 20fachen Überschuss an Phosphan in einem Zeitraum von 1 - 7 Tagen statt und liefert ausschließlich das 1,1-Additionsprodukt **45** (Schema 3-6). Das kinetische 1,4-Produkt konnte zu keinem Zeitpunkt beobachtet werden. Der Verlauf der Reaktion ist anhand der Entfärbung der Reaktionslösung optisch gut zu verfolgen. Die charakteristische Gelbfärbung des Silylens **5** in Toluol verschwindet während der PH_3-Addition. Nach vollständiger Entfärbung der Reaktionslösung werden alle flüchtigen Bestandteile im Vakuum entfernt. Dabei erfordert besonders die Handhabung des verbliebenen Phosphans einen umsichtigen Umgang, da es sich bei Monophosphan um ein brennbares und giftiges Gas handelt, das an Luft explosive Gemische bildet. Das verbliebene PH_3 wird daher nach Entfernen aus dem Reaktionskolben kontrolliert im Stickstoffstrom abgeleitet. Der verbliebene leicht bräunliche Rückstand im Reaktionsgefäß kann in einer geringen Menge *n*-Hexan gelöst und anschließend kristallisiert werden. Das Silylphosphan **45** wurde in Form farbloser Kristalle mit einer Ausbeute von 79 % isoliert.[86]

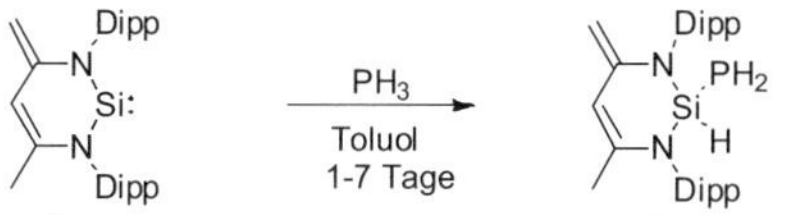

Schema 3-6 Synthese des Silylphosphans **45**.

Anhand von NMR-Spektroskopie kann nachgewiesen werden, dass es sich bei dem Silylphosphan **45** um das einzige Reaktionsprodukt handelt. Das ^1H-NMR-Spektrum von **45** zeigt zwei Singuletts für Protonen der exocyclische Methylengruppe (δ = 3.43 und 4.04 ppm), was bestätigt, dass es sich um ein 1,1-Additionsprodukt handelt. Aufgrund dieser 1,1-Addition entstehen für die Si-H- und PH_2-Gruppe jeweils interessante Kopplungsmuster (Abb. 3-3). Dementsprechend ist bei einer Verschiebung von δ = 6.2 ppm ein Dublett von Tripletts für das Si-Wasserstoffatom zu erkennen, das aus der Kopplung des Si-H-Atoms sowohl zum Phosphoratom als auch zu den beiden Protonen am P-Atom entsteht. Das Dublett weist eine $^2J(P,H)$-Kopplung von 23.5 Hz auf und spaltet sich wiederum in Tripletts mit einer $^3J(H,H)$-Kopplungskonstante von 1.9 Hz auf. Dieses Kopplungsmuster wiederholt sich in den Si-Satelliten, die zusätzlich eine $^1J(Si,H)$-Kopplung von 240.2 Hz aufweisen (Abb. 3-3, links). Beide Protonen der PH_2-Gruppe zeigen je ein Dublett vom Dublett vom Dublett im ^1H-NMR-

Spektrum bei einer Verschiebung von $\delta = 0.76$ und 0.81 ppm mit einer großen $^1J(P,H)$-Kopplung von 187.1 Hz. Des Weiteren tritt für die PH_2-Protonen eine geminale $^2J(H,H)$-Kopplung von 12.1 Hz und eine $^3J(H,H)$-Kopplung mit dem Si-H-Atom von 1.9 Hz auf, das sich entsprechend im oben beschriebenen Triplett der Si-H-Aufspaltung wiederfindet (Abb. 3-3, rechts). Da beide diastereotopen PH_2-Protonen nicht chemisch-äquivalent sind, aber eine ähnliche chemische Verschiebung aufweisen, tritt an dieser Stelle ein stark ausgeprägter Dacheffekt auf (Abb. 3-3, rechts).

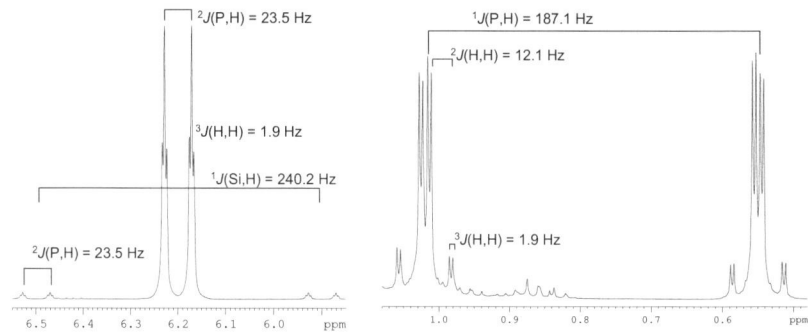

Abb. 3-3 Ausschnitte und Kopplungsmuster aus dem ^1H-NMR-Spektrum (400 MHz) von **45**; links: Kopplungsmuster des Si-H-Signals incl. ^{29}Si-Satelliten; rechts: Dacheffekt der diastereotopen PH_2-Protonen.

Auch das ^{31}P-NMR-Spektrum bestätigt durch das Auftreten eines Tripletts von Dubletts bei einer Verschiebung von $\delta = -257.8$ ppm ($^1J(P,H) = 187.1$ Hz; $^2J(P,H) = 23.5$ Hz) die Entstehung des 1,1-Insertionsproduktes **45** (Abb. 3-4, links). Das ^{29}Si-NMR-Spektrum zeigt ein Dublett bei $\delta = -18.5$ ppm mit einer $^1J(Si,P)$-Kopplung von 8.6 Hz (Abb. 3-4, rechts). Diese $^1J(Si,P)$-Kopplung lässt sich zusätzlich im $^{31}P\{^1H\}$-NMR-Spektrum von **45** in Form von ^{29}Si-Satelliten beobachten. Die Kopplungskonstante liegt im unteren Bereich der typischen $^1J(Si,P)$-Kopplungen für Si-P-Einfachbindungen (7 - 50 Hz)[87] und ist vergleichbar mit der Kopplung in der kürzlich veröffentlichten Verbindung L'Si(NH_2)PH_2 (7.9 Hz).[88] Das Dublett tritt somit in einem typischen Bereich für vierfach-koordinierte Siliciumverbindungen auf. Die P-H-Valenzschwingungen der PH_2-Gruppe kann im IR-Spektrum einer schwachen Bande bei $\nu = 2291$ cm^{-1} zugeordnet werden, die Si-H-Streckschwingung ist bei $\nu = 2121$ cm^{-1} zu beobachten und ist somit mit der des Silaformamids **22** ($\nu = 2127$ cm^{-1}) vergleichbar.[40]

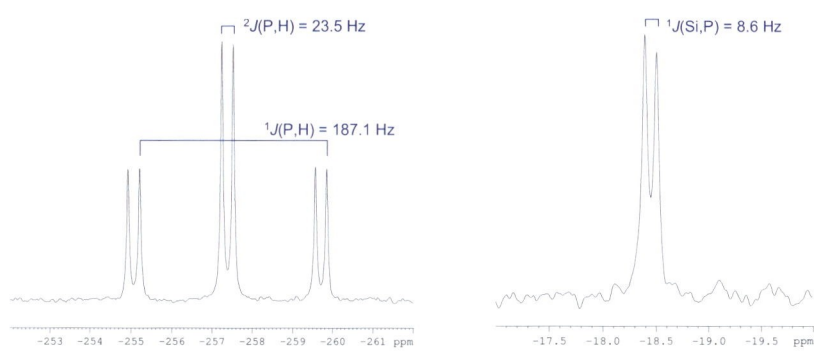

Abb. 3-4 ^{31}P-NMR-Spektrum (links) und ^{29}Si-NMR-Spektrum (rechts) von **45**.

Die Struktur des Silylphosphans **45** konnte ebenfalls durch Einkristallröntgenstrukturanalyse bestätigt werden (Abb. 3-5). Geeignete Kristalle konnten aus einer gesättigten *n*-Hexanlösung bei −30 °C gewonnen werden. Die farblosen Plättchen kristallisieren in der triklinen Raumgruppe *P*-1 mit vier Molekülen in einer asymmetrischen Einheit.

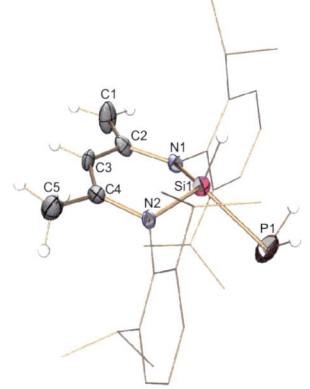

Abb. 3-5 Molekülstruktur von **45**. Die Wasserstoffatome (mit Ausnahme derer, die sich an C1, C3, C5, Si1 und P1 befinden) sind aus Gründen der Übersichtlichkeit nicht abgebildet. Die thermischen Schwingungsellipsoide repräsentieren 50 % der Aufenthaltswahrscheinlichkeit.

Die verzerrt tetraedrisch koordinierten Si-Atome ragen zwischen 50.0 und 57.8 pm aus der C_3N_2-Ligandenebene heraus. Die PH$_2$-Gruppen liegen bezogen auf die Siliciumzentren auf der gegenüberliegenden Seite der Ligandenebene und besetzen die äquatoriale Position, wohingegen die Wasserstoffatome die axiale Position an den Si-Atomen besetzen. Die Durchschnittslänge der Si-P-Bindung (gemittelt aus den vier Molekülen der asymmetrischen Einheit) beträgt 224 pm und liegt somit im typischen Bereich einer Si-P-Einfachbindung.[89]

Tab. 3-2 Ausgewählte Abstände [pm] und Winkel [°] für die Verbindung **45**. Die Minimum- und Maximumwerte der vier Moleküle in der asymmetrischen Einheit sind angegeben. d = Abstand, α = Faltungswinkel zwischen der C_3N_2-Liganden- und der SiN_2-Ebene.

Abstände	[pm]	Winkel	[°]
Si1-P	223.8(2) – 224.2(2)	N2-Si1-N1	103.9(2) – 104.6(2)
Si1-N1	171.7(3) – 173.0(3)	P-Si1-N1	109.6(1)
Si1-N2	172.5(4) – 173.2(3)	P-Si1-N2	111.6(1)
C1-C2	134.6(5) – 138.8(4)	α	27.8 – 32.9
C4-C5	145.5(5) – 147.6(5)		
d(Si1-C_3N_2-Ebene)	50.0 – 57.8		
d(P-C_3N_2-Ebene)	26.0 – 49.9		

Um die Reaktivität des Silylphosphans **45** weitergehend zu untersuchen, wurde **45** bei tiefen Temperaturen mit *n*-BuLi umgesetzt (Schema 3-7). Erwartungsgemäß wurde ein Proton der PH_2-Gruppe durch ein Li-Atom deprotoniert.

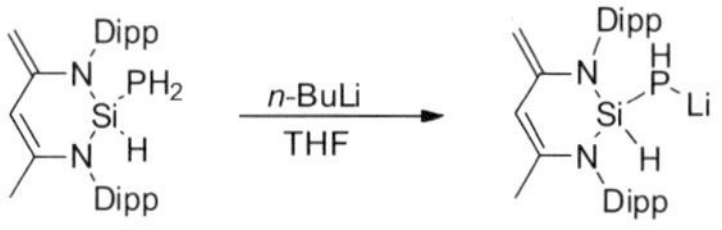

Schema 3-7 Umsetzung des Silylphosphans **45** mit *n*-BuLi.

Das ^{1}H-NMR-Spektrum von **46** zeigt sich gegenüber dem ^{1}H-NMR-Spektrum von **45** vereinfacht. Die Lithiierung und damit Substitution eines Protons der PH_2-Gruppe hat zur Folge, dass u. a. der oben beschriebene Dacheffekt nicht mehr beobachtet werden kann. Das Kopplungsmuster der PH-Gruppe zeigt lediglich ein Dublett vom Dublett bei einer Verschiebung von δ = −1.78 ppm ($^1J(P,H)$ = 163.2 Hz, $^3J(H,H)$ = 5.9 Hz) und auch das Si-H-Atom erscheint bei δ = 6.35 ppm als Dublett vom Dublett ($^2J(P,H)$ = 40.4 Hz, $^3J(H,H)$ = 5.9 Hz). Die entsprechenden Kopplungen lassen sich auch im gekoppelten ^{31}P-NMR-

Spektrum von **46** wiederfinden. Das Dublett vom Dublett (^1J(P,H) = 163.2 Hz, ^2J(P,H) = 40.4 Hz) tritt im ^{31}P-NMR-Spektrum bei einer Hochfeldverschiebung von δ = −305.9 ppm auf (Abb. 3-6).

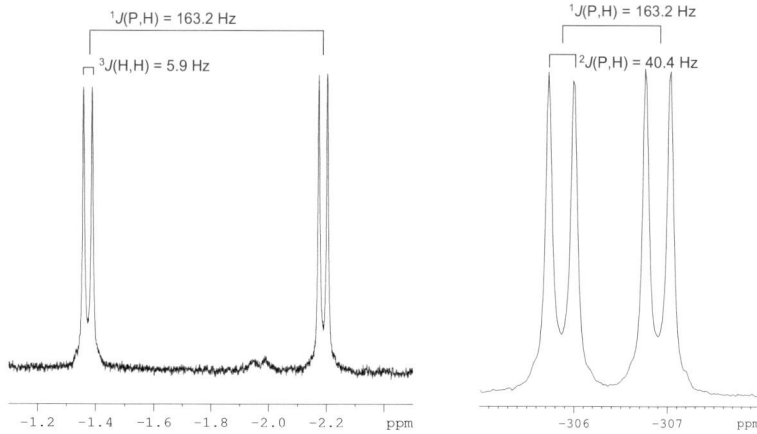

Abb. 3-6 Ausschnitte und Kopplungsmuster der Si(H)P(H)Li-Einheit aus den NMR-Spektren (C$_6$D$_6$) von **46** (links: Ausschnitt aus ^{1}H-NMR-Spektrum; rechts: Ausschnitt aus ^{31}P-NMR-Spektrum).

3.1.4 Addition von Monoarsan

Die Reaktion des Silylens **5** mit AsH$_3$ läuft im Vergleich zur Reaktion mit PH$_3$ deutlich schneller ab. Hierfür wird im Gegensatz zu der Umsetzung mit Phosphan auch lediglich ein leichter Überschuss (1.2 Äq.) Arsan eingesetzt (Schema 3-8). Im Labormaßstab wird mit Hilfe einer Spritze bei −78 °C ein zuvor bestimmtes Volumen von AsH$_3$ in die Silylen-Toluollösung gegeben. Beim Aufwärmen wechselt die gelbe Reaktionslösung bereits die Farbe zu tiefblau und alle flüchtigen Bestandteile werden nach Erreichen der Raumtemperatur entfernt. Der dunkelblaue Rückstand kann mit kaltem Toluol extrahiert werden und kristallisiert bei −30 °C in Form dunkelblauer Plättchen. Das Produkt **47b** kann mit einer Ausbeute von 48 % erhalten werden.[86]

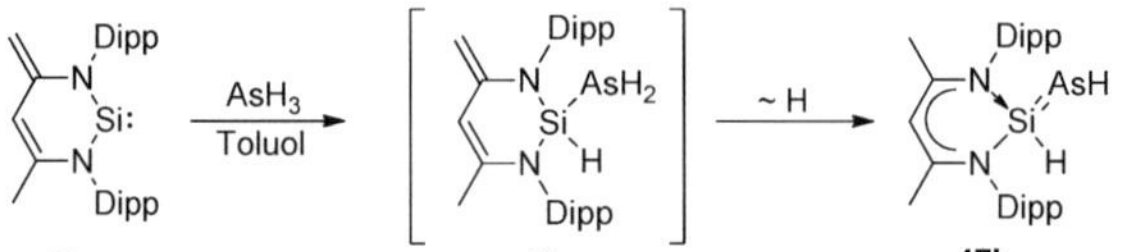

5   **47a**   **47b**

Schema 3-8 Synthese des Arsasilens **47b** über das Silylarsan **47a**.

Die Reaktion von Arsan mit NHSi **5** lässt sich mit Hilfe der ^{1}H-NMR-Spektroskopie verfolgen. Werden die Ausgangsstoffe bei tiefen Temperaturen in deuteriertem Toluol vereinigt, so ist bereits bei -50 °C die Entstehung des kinetischen 1,1-Additionsproduktes **47a** zu erkennen. Das Silylarsan **47a** lagert sich etwa bei -30 °C zum Arsasilen **47b** um. Dabei findet eine Protonenwanderung von der AsH$_2$-Gruppe zur Methylengruppe des Ligandenrückgrats statt. Somit läuft bei der Synthese des Arsasilens **47b** bereits bei tiefen Temperaturen eine doppelte, metallfreie As-H-Bindungsaktivierung ab. Nach Erreichen der Raumtemperatur konnte noch 70 % von **47a** festgestellt werden. Nach 5 min bei Raumtemperatur liegen die beiden Verbindungen **47a** und **47b** bereits in einem Verhältnis von 3:7 vor. Bemerkenswerterweise bildet sich beim Auflösen der tiefblauen Kristalle des Arsasilens **47b** in d$_6$-Benzol wieder das Silylarsan **47a**. Nach einigen Stunden von **47b** in Lösung (RT) entfärbt sich die dunkelblaue Lösung vollständig und ein schwarzbrauner Feststoff entsteht. Es entsteht neben den beiden Isomeren **47a** und **47b** das Zerfallsprodukt L'SiH$_2$ **44**, formal durch Abspaltung von „AsH" (Schema 3-9).

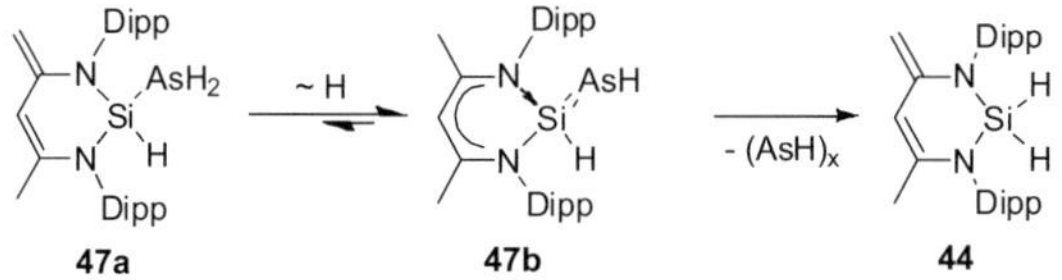

47a   **47b**   **44**

Schema 3-9 Gleichgewichtseinstellung und Zerfall vom Arsasilen **47b**.

Im Jahr 2013 wurden von unserer Arbeitsgruppe Beobachtungen gemacht, die Parallelen zu dem Zerfall des Arsasilens **47b** aufweisen. Das mit dem Arsasilen **47b** verwandte Phosphasilen **45a** ist bei Raumtemperatur in Lösung instabil und bereits nach wenigen Stunden entsteht neben dem Silylen **5** ein rotbrauner Feststoff. Das dazugehörige ^{31}P-Festkörper-NMR-Spektrum lässt auf Polyphosphane mit großen [PH]$_n$-Clustern schließen.

Durch die Zugabe eines sterisch anspruchsvollen Carbens gelang es, ein Phosphiniden (:PH) vom Phosphasilen **45a** zum Carben zu übertragen (Schema 3-10).[90].

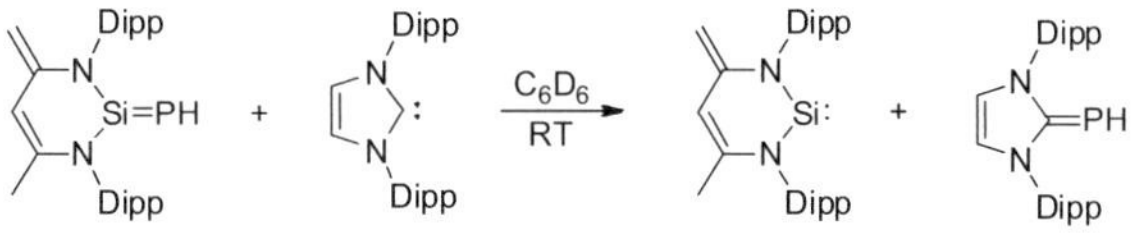

Schema 3-10 :PH-Transfer vom Phosphasilen **45a** zu einem NHC.

Diese Beobachtungen lassen die Vermutung zu, dass ein ähnlicher Zerfall des Arsasilens **47b** bei Raumtemperatur in Lösung stattfindet. Dementsprechend könnte die Reaktion wie folgt ablaufen: Durch die homolytische Spaltung der Si=As-Doppelbindung entsteht am Si-Zentrum ein Donorzentrum in Form eines freien Elektronenpaars. Durch eine Protonenwanderung vom Ligandenrückgrat zum Siliciumzentrum entsteht anschließend Verbindung **44** (Schema 3-11).

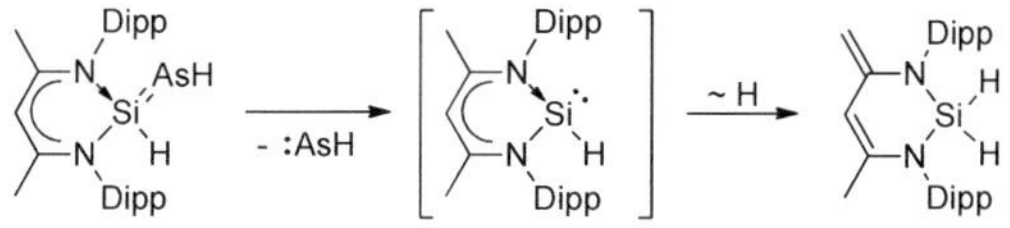

Schema 3-11 Möglicher Zerfallsprozess des Arsasilens **47b** .

Durch Lösen des Arsasilens **47b** in C_6D_6 in einem abgeschmolzenen NMR-Rohr kann man dessen Zerfall mittels ^{1}H-NMR-Spektroskopie über einen Zeitraum von mehreren Stunden beobachten. Dabei fällt auf, dass die relative Konzentration des Silylarsans **47a** gegenüber den Verbindungen **47b** und **44** nach 4 h (200 min) am höchsten ist (Abb. 3-7). Um die Resonanz der Verbindung **47a** im ^{29}Si-NMR-Spektrum zu ermitteln, wurde aus diesem Grund in einem NMR-Experiment das Arsasilen **47b** in deuteriertem Toluol gelöst und 4 h bei Raumtemperatur gelagert bevor die Probe bei tiefen Temperaturen (-47 °C) gemessen wurde. Die chemische ^{29}Si-NMR-Verschiebung des 1,1-Additionsproduktes **47a** ($\delta = -18.8$ ppm) ist vergleichbar mit der des Silylphosphans **45** ($\delta = -18.5$ ppm).

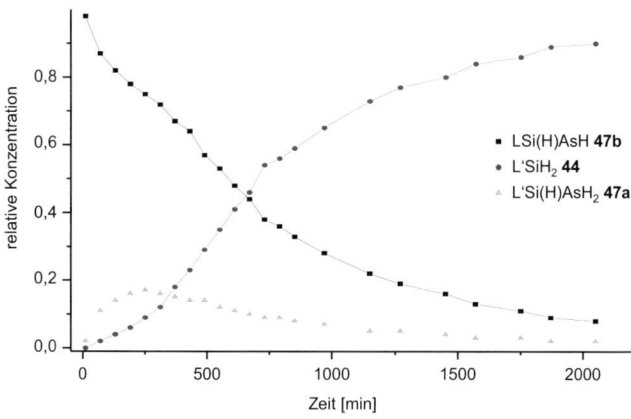

Abb. 3-7 Zerfall des Arsasilens **47b** in Lösung zum Silylarsan **47a** und zu L'SiH$_2$ **44**.

Das ^{1}H-NMR-Spektrum des Silylarsans **47a** zeigt für die Protonen der verbliebenen Methylengruppe im Ligandenrückgrat jeweils ein Singulett mit einer Intensität für 1H bei einer Verschiebung von δ = 3.46 und 4.06 ppm. Bei einer Verschiebung von δ = 0.41 und 0.45 ppm sind je zwei Dubletts von Dubletts (^2J(H,H) = 14 Hz, ^3J(H,H) = 1.6 Hz) mit einem starken Dacheffekt für die AsH$_2$-Gruppe zu beobachten. Die ^3J(H,H)-Kopplung von 1.6 Hz findet sich im Triplett für die Si-H-Resonanz bei einer Verschiebung von δ = 6.64 ppm wieder. Die Auswertung der ^{29}Si-Satelliten ergibt eine ^1J(Si,H)-Kopplung von 244 Hz. Die Protonenwanderung von der AsH$_2$-Gruppe zum Ligandenrückgrat lässt sich besonders gut mittels ^{1}H-NMR-Spektroskopie beobachten. Das Signal für das Proton am As-Atom verschiebt sich im ^{1}H-NMR-Spektrum von **47b** zu ungewöhnlich hohem Feld (δ = −2.22 ppm) im Vergleich zu **47a** und tritt als Dublett mit einer ^3J(H,H)-Kopplung von 6.7 Hz auf. Bei δ = 6.77 ppm befindet sich für das Si-H-Proton ebenfalls ein Dublett mit der gleichen ^3J(H,H)-Kopplungskonstanten. Die beiden Signale für die Protonen der Methylengruppe in **47a** sind nach der Protonenwanderung zum Ligandenrückgrat verschwunden und folglich hat sich die Intensität des Singuletts für die Methylgruppe in **47b** im Vergleich zu **47a** bei δ = 1.42 ppm von 3H auf 6H erhöht. Die Resonanz im ^{29}Si-NMR-Spektrum für **47b** verschiebt sich im Vergleich zu **47a** zu tieferem Feld (δ = 17.6 ppm, ^1J(Si,H) = 213 Hz). Im Vergleich zu anderen Arsasilenen mit dreifach-koordiniertem Siliciumzentrum (δ = 179-187 ppm)[91,92] erscheint das Signal im ^{29}Si-NMR-Spektrum allerdings bei deutlich höheren Feld, bedingt durch die dative N→Si-Koordination. Die intensiv dunkelblaue Farbe des Arsasilens **47b**, die sich im UV/Vis-Spektrum bei λ_{max} = 590 nm (ε = 246, Toluol) stark verbreitert zeigt, ist auf einen $\pi \rightarrow \pi^*$-Übergang vom HOMO (Si=As-Bindung) zum LUMO (C$_3$N$_2$-Ligandenrückgrat) zurückzuführen.

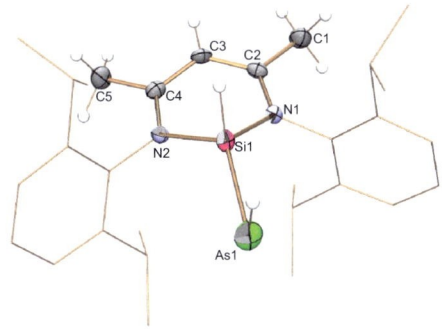

Abb. 3-8 Molekülstruktur von **47b**. Wasserstoffatome (mit Ausnahme von C1, C3, C5, As1 und Si1) sind aus Gründen der Übersichtlichkeit nicht abgebildet. Die thermischen Schwingungsellipsoide repräsentieren 50 % der Aufenthaltswahrscheinlichkeit

Geeignete Einkristalle von **47b**, die für eine Röntgenstrukturanalyse geeignet waren, konnten bei −30 °C in einer gesättigten Toluollösung gewonnen werden (Abb. 3-8). Die dunkelblauen Blöcke kristallisieren in der monoklinen Raumgruppe $P2_1/n$. Im Vergleich zu den oben beschriebenen 1,1-Additionsprodukten L'SiH$_2$ **44** und L'Si(H)PH$_2$ **45** liegen durch die Protonierung des Ligandenrückgrats die C-C-Bindungslängen (C1-C2 und C4-C5) in **47b** mit 149.9 und 150.1 pm in dem typischen Bereich einer C(sp^3)-C(sp^2)-Einfachbindung. Das γ-C3-Atom ragt mit 12.5 pm aus der C4C2N1N2-Ligandenebene heraus. Auch das Si-Atom ragt in einem Winkel α von 30.5° und einem Abstand von 61.4 pm aus der C4C2N1N2-Ebene. Die äquatoriale Position wird von der AsH-Einheit besetzt, wobei das As-Atom lediglich 2.1 pm über der C4C2N1N2-Ligandenebene liegt. Der Si-As-Abstand beträgt 221.8 pm und liegt somit zwischen den Werten einer Si-As-Einfach- (236 pm) und Doppelbindung (216 pm).[92] Die Verlängerung gegenüber einer typischen Si=As-Doppelbindung resultiert aus der dativen N→Si=AsH-Wechselwirkung, ähnlich wie bei den verwandten N-donorstabilisierten Silanonen oder dem Silanthion **22**.[40,93] Der Si=As-Mehrfachbindungscharakter führt somit zu einer Schwächung der Si-N-π-Wechselwirkung und erklärt die signifikante Verlängerung der Si-N-Bindung (180.3, 182.2 pm) in **47b** im Vergleich zu jenen im Silylphosphan **45** (171.7 – 173.2 pm).

Tab. 3-3 Ausgewählte Abstände [pm] und Winkel [°] für die Verbindungen **47b**; d = Abstand, α = Faltungswinkel zwischen der C_2N_2-Liganden- und der SiN_2-Ebene.

Abstände	[pm]	Winkel	[°]
Si1-As	221.8(1)	N2-Si1-N1	104.2(1)
Si1-N1	182.2(1)	As-Si1-N1	116.20(6)
Si1-N2	180.3(1)	As-Si1-N2	119.13(6)
C1-C2	149.9(3)	α	30.5
C4-C5	150.1(3)		
d(Si1-C_2N_2-Ebene)	61.4		
d(As-C_2N_2-Ebene)	2.1		

In Anlehnung an vorangegangenen Erfahrungen mit der Reaktivität von NHSi **5** gegenüber H_2O (Schema 1-2), wurden in einem weiteren Experiment zwei Äquivalente NHSi **5** mit einem Äquivalent AsH_3 versetzt, um zu überprüfen, ob die zweifache As-H-Bindungsaktivierung auch von je einem Molekül des Silylens **5** übernommen werden kann (Schema 3-12). Das ^{1}H-NMR-Spektrum der Reaktionslösung zeigte jedoch nach Beendigung der Reaktionszeit (1 h bei RT) noch etwa ein Äquivalent des nicht umgesetzten Silylens **5** neben dem Arsasilen **47b**. Es war somit bei diesen Bedingungen nicht möglich, in die verbliebene As-H-Einheit ein weiteres Si-Zentrum zu insertieren.

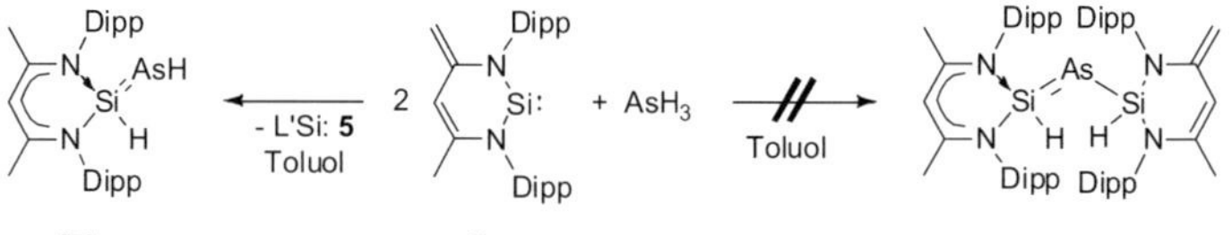

Schema 3-12 Antizipierte Reaktion von zwei Äquivalenten NHSi **5** mit AsH_3.

3.1.5 Berechnungen von Modellsystemen

Vergleicht man die Reaktivität des Silylens **5** mit der des analogen Germylens **5a** gegenüber kleinen Molekülen (beispielsweise NH_3-BH_3 oder NH_3), so fällt auf, dass sich für den Fall des Germylens **5a** die 1,4-Additionsprodukte bilden, wohingegen für das Silylen **5** die 1,1-Additionsprodukte beobachtet werden.[41]

HOMO   LUMO

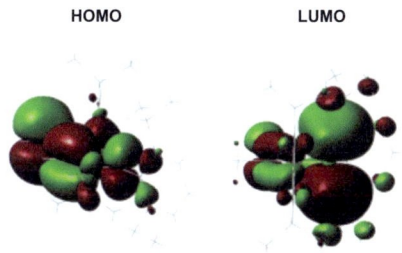

Abb. 3-9 HOMO (links) und LUMO (rechts) des Silylens **5**. Die Darstellung der Molekülorbital stammt aus der Publikation von E. Sicilia *et al.*[77] mit der Erlaubnis von John Wiley and Sons.

Dieses Verhalten lässt sich anhand der unterschiedlichen HOMO-LUMO-Abstände der Si(II)- und Ge(II)-Verbindungen (**5** und **5a**) erklären. Beide Verbindungen liegen im Singulett-Grundzustand vor. Die exocyclische Methylengruppe bzw. das bindende C-C-π-Orbital im Ligandenrückgrat repräsentiert das höchste besetzte Molekülorbital (HOMO), wohingegen das niedrigste unbesetzte Molekülorbital (LUMO) überwiegend p-Orbitalcharakter der Silicium- bzw. Germaniumzentren besitzt (Abb. 3-9). Die jeweils gepaarten s-Valenzelektronen am Si-Atom (HOMO-2) bzw. Ge-Atom (HOMO-3) entsprechen einem stabilisierten Orbital unter dem HOMO. Für das Germylen **5a** zeigt sich ein geringerer HOMO-LUMO-Abstand als für das Silylen **5**. Aus der tieferen Stellung des Germaniums gegenüber dem Silicium innerhalb der 14. Gruppe und der damit verbundenen wachsenden s-p-Separierung ergibt sich ein zunehmender inerter Charakter des 4s-Orbitals am Ge-Atom, was die Bildung des 1,4-Additionsproduktes im Falle des Germylens **5a** erklären würde. Im Gegensatz dazu befindet sich das 3s-Orbital des Si-Atoms nur knapp unterhalb des HOMOs, was die 1,1-Addition kleiner Moleküle durch das Silylen **5** wiederum begünstigt.[77]

Tab. 3-4 Vergleich der Energieniveaus und energetischen Abstände in Silylen **5** und Germylen **5a**.

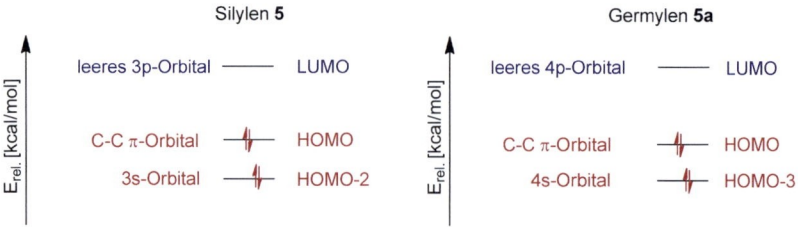

energetische Abstände	Silylen **5**	Germylen **5a**
HOMO-LUMO	118.4 kcal/mol	106.9 kcal/mol
HOMO-HOMO-2	13.8 kcal/mol	- *
HOMO-HOMO-3	- *	44.3 kcal/mol

* In der Referenz[77] wurden keine Angaben zu diesen Energieabständen gemacht

Um die verschiedenen Reaktivitäten des Silylens **5** gegenüber den Wasserstoffverbindungen der Elemente der 15. Gruppe (PH_3, AsH_3 und NH_3) zu erklären, wurden DFT-Berechnungen von Modellsystemen mit dem Programm GAUSSIAN-03 auf B3LYP-Niveau mit dem Basissatz 6-31H(d) angefertigt.[1] Dafür wurden die sperrigen Dipp-Substituenten an den Stickstoffatomen durch Phenylgruppen ersetzt und eine Reihe von möglichen Additionsprodukten berechnet. Zunächst wurden die 1,1-Additionsverbindungen der Modellverbindungen (**48a-50a**) mit der EH_2-Gruppe (E = N, P, As) am Siliciumatom berechnet und als Bezugsgröße ($E = 0$ kcal/mol) für weitere Energiewerte eingesetzt. Des Weiteren wurden die jeweiligen 1,4-Additionsprodukte (**48b-50b**), sowie die Verbindungen mit einer Si=E-Untereinheit in axialer (**48c-50c**) und äquatorialer Position (**48d-50d**) berechnet. Die geometrischen Parameter der berechneten Modellverbindungen (**49a** und **50d**) stimmen mit den experimentell bestimmten Werten für das Silylphosphan **45** bzw. das Arsasilen **47b** gut überein. Die Beobachtung, dass die Bildung des 1,1-Additionproduktes **48a**

---

[1] Die DFT-Berechnungen wurden von Prof. Dr. Shigeyoshi Inoue durchgeführt.

bevorzugt ist, deckt sich ebenfalls mit den Energien der berechneten Modellsysteme. Alle anderen hypothetischen NH$_3$-Verbindungen (**48b-d**) sind sehr unwahrscheinlich, da ihre Energien signifikant höher liegen als die des 1,1-Additionsproduktes **48a** (Abb. 3-10). Zusätzliche theoretische Berechnungen von Sicilia *et al.* zeigen, dass das 1,1-Produkt energetisch zwar bevorzugt ist, allerdings das Niveau des entsprechenden Übergangszustandes, das zum 1,1-Produkt führt, energetisch deutlich ungünstiger ist als das Niveau des Übergangszustandes, das zum 1,4-Produkt führt. Durch die Zugabe eines zweiten NH$_3$-Moleküls hingegen senkt sich das Energieniveau des Übergangszustandes deutlich ab und die 1,1-Addition von NH$_3$ an das Silylen **5** wird erleichtert.[77]

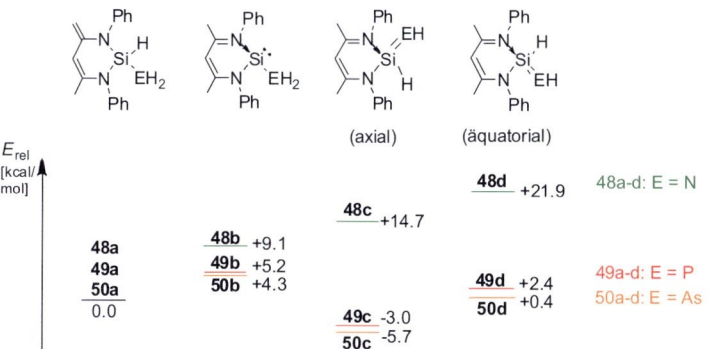

Abb. 3-10 Berechnete relative Energien (kcal/mol) der Modellverbindungen **48 - 50.**

Anders als bei der Addition von NH$_3$ liegen die relativen Energien der Phosphasilene **49c**, **49d** und der Arsasilene **50c** und **50d** auf gleicher Höhe oder gar etwas tiefer als die jeweilige 1,1-Additionsverbindungen **49a** und **50a**. Experimentell konnte allerdings kein Hinweis auf die Bildung eines entsprechenden Phosphasilens beobachtet und lediglich das 1,1-PH$_3$-Additionsprodukt **45** verifiziert werden, obwohl kein Minimum auf der Energiehyperfläche für die entsprechende Modellverbindung **49a** lokalisiert werden konnte. Jedoch bestätigen die berechneten Niveaus, dass das 1,1-Additionsprodukt mit PH$_3$ energetisch günstiger ist, als das entsprechende 1,4-Additionsprodukt. Allerdings weisen Sicilia *et al.* darauf hin, dass zunächst eine 1,4-Addition stattfinden sollte, bevor das 1,1-Produkt **45** entstehen kann, da die Energiebarriere für die direkte Bildung des 1,1-Additionsproduktes **45** zu hoch sei.[77] Die Entstehung des Arsasilens **47b** kann durch die Berechnungen der Energiezustände der

Modellverbindungen vorhergesagt werden (Abb. 3-10). Allerdings zeigt die Molekülstruktur von **47b**, dass sich die AsH-Einheit in der äquatorialen Position befindet (Abb. 3-8), während die Berechnungen die axiale Position favorisieren. Dies ist möglicherweise auf die Vereinfachung der Modellverbindungen zurückzuführen, da der sterische Anspruch der Dipp-Substituenten für die äquatoriale Position der AsH-Einheit verantwortlich sein könnte. Die Berechnungen von Sicilia *et al.* sagen auch für die AsH$_3$-Addition zunächst einen 1,4-Übergangszustand voraus. Die schnellere Addition des Arsans gegenüber dem Phosphan (pK$_s$ = 23) kann auf die höhere Brønstedt-Acidität des AsH$_3$ (pK$_s$ = 20) zurückgeführt werden, die eine doppelte As-H-Aktivierung durch das NHSi **5** erleichtert.

Auf den vorherigen Seiten konnte gezeigt werden, wie vielseitig das „freie" β-Diketiminatosilylen **5** gegenüber kleinen Molekülen reagiert. In den folgenden Abschnitten soll die Reaktivität des NHSis **5** als Ligand in Übergangsmetallkomplexen beschrieben werden.

3.2 Die Reaktivität des L'Si-Ni(CO)$_3$-Komplexes 29

Im Forschungsgebiet der NHSi-Übergangsmetallkomplexe stellen die Übergangsmetalle der 10. Gruppe, insbesondere die Nickel-basierten Komplexe, den größten Anteil der bis heute veröffentlichten Literatur.[45] Bereits kurz nach der Synthese des ersten freien *N*-heterocyclischen Silylens **1**[8] wurde auch von dessen Umsetzung mit Ni(CO)$_4$ zum NHSi-Übergangsmetallkomplex **52** berichtet. In diesem koordinieren zwei CO- und zwei NHSi-Liganden **1** an das Nickelzentrum und bilden somit den ersten Bis-Silylen-Komplex **52** (Schema 3-13, links) ohne Stabilisierung durch eine Lewis-Base.[94] Die Reaktion von NHSi **1** mit Ni(cod)$_2$ hingegen liefert den trigonal-planaren, homoleptischen Ni-Komplex **53** (Schema 3-13, rechts).[62] Aufgrund der geringeren sterischen Abschirmung durch die Neopentyl-Liganden an den N-Atomen in **3a** (Abb. 1-3) war es Lappert *et al.* möglich, vier NHSi-Liganden um ein Nickelatom anzuordnen und somit den homoleptischen, verzerrt tetraedrischen Nickelkomplex **54** (Abb. 3-11) zu synthetisieren.[60]

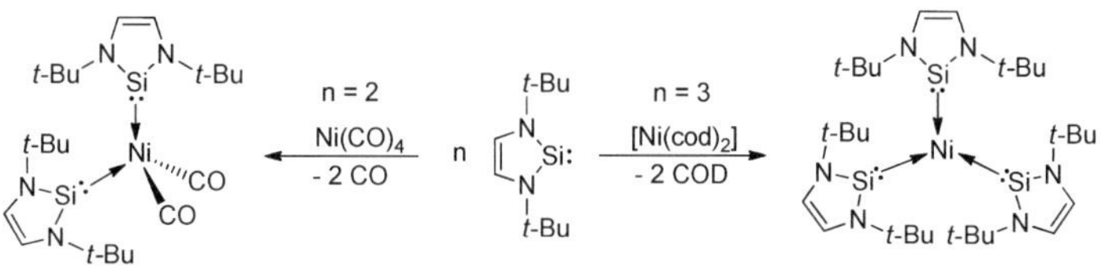

Schema 3-13 Synthese der hetero- und homoleptischen NHSi-Nickelkomplexe **52** und **53**.

Die Sterik der Substituenten führt bei Derivaten des Silylens **1** mit Aryl- anstelle von *tert*-Butylsubstituenten an den Stickstoffatomen dazu, dass jeweils nur zwei NHSi-Liganden an das Ni-Zentrum koordinieren und ein cod-Ligand am Nickelatom zurückbleibt. Anstatt eines homoleptischen Komplexes analog zu **53** werden somit die Bis-Silylenkomplexe **55a** und **55b** gebildet.[10] Der donorstabilisierte Chlorsilylen-Nickeltricarbonyl-Komplex **56** wurde 2010 von Roesky *et al.* durch Umsetzung des Chlorsilylens **4** mit Ni(CO)$_4$ dargestellt.[55]

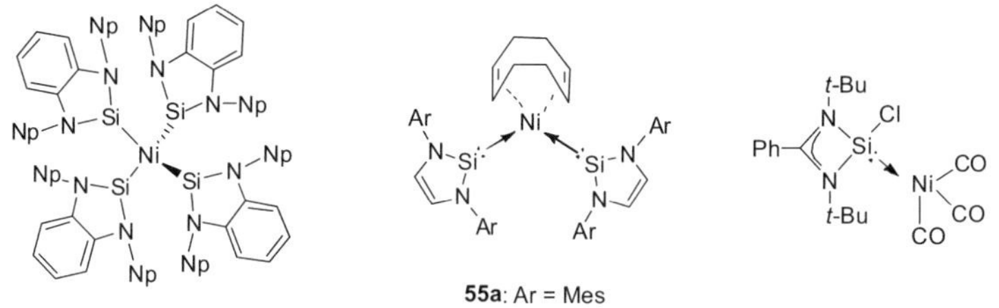

55a: Ar = Mes
55b: Ar = Dipp

Abb. 3-11 Eine Auswahl an NHSi-Nickelkomplexen mit unterschiedlicher Anzahl an NHSi-Liganden.

Wie bereits oben erwähnt (Abschnitt 1.3), kann der L'Si-Ni(CO)$_3$-Komplex **29** durch eine doppelte Ligandenaustauschreaktion synthetisiert werden (Schema 1-11). Dabei wird die Tatsache genutzt, dass sich das Zwischenprodukt L'Si-Ni(toluol) **28**, hergestellt aus Ni(cod)$_2$ und NHSi **5** in Toluol, sehr gut und leicht durch Kristallisation isolieren lässt. Der Nickel(toluol)-Komplex **28** kann anschließend nahezu quantitativ in einer CO-Atmosphäre zum L'Si-Ni(CO)$_3$-Komplex **29** umgesetzt werden.[66] Versuche, die Synthese einstufig mit dem Einsatz von Ni(CO)$_4$ *in situ*[95] aus Ni(cod)$_2$ und CO anstelle der zweistufigen Synthese mit Ni(cod)$_2$ und CO *via* **28** durchzuführen (Schema 3-14), führten ebenfalls zum gewünschten Produkt, allerdings ist die Reinigung durch Kristallisation nicht möglich und führte zu einer geringeren Reinheit und schlechterer Ausbeute. Außerdem ist Ni(CO)$_4$ äußerst giftig, sodass die Synthese von **29** weiter nach der bekannten Literaturvorschrift[66] durchgeführt wurde.

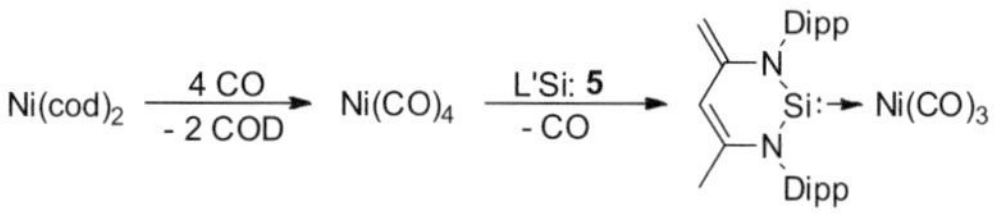

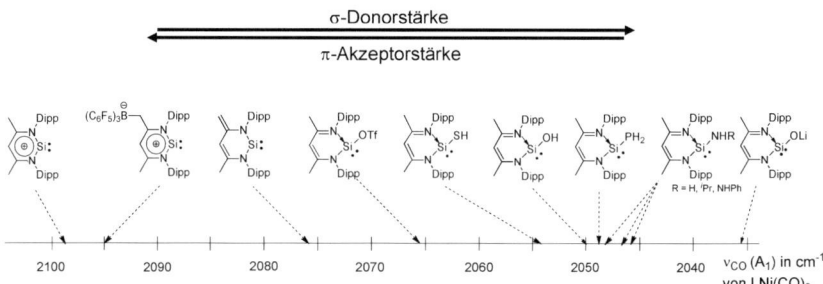

Schema 3-14 Synthese von L'Si-Ni(CO)$_3$-Komplex **29** direkt aus *in situ* erzeugtem Ni(CO)$_4$ und NHSi **5**.

Die Aktivierung kleiner Moleküle durch das NHSi **5** wurde im vorangegangenen Abschnitt 3.1 ausführlich beschrieben und dessen vielseitige Reaktivität diskutiert. Durch die Koordination des Siliciumzentrums an ein Nickelzentrum steht das freie Elektronenpaar im 3s-Orbital für Reaktionen nicht zur Verfügung. Die Additionen kleiner Moleküle wie H$_2$O, H$_2$S, PH$_3$, NH$_3$ und anderer Amine verläuft selektiv in 1,4-Position am Silylenliganden.[40] Die Si-Ni-Bindung nimmt nicht an der Reaktion teil und bleibt somit unangetastet. Das Ni(CO)$_3$-Fragment ist somit eine Schutzgruppe für das freie Elektronenpaar am Silicium(II)atom.

Abb. 3-12 Vergleich bekannter Silylenliganden am Ni(CO)$_3$-Zentrum.[96]

In Folge der Additionsreaktionen verändern sich auch die elektronischen Eigenschaften der neuen Si(II)liganden. Die σ-Donor- und π-Akzeptoreigenschaften dieser neuen Silylenliganden lassen sich aufgrund der konkurrierenden Bindungssituation der Si(II)- und Carbonylliganden am Nickelatom mittels der CO-Streckschwingungen im IR-Spektrum abschätzen. Eine Abnahme der Wellenzahl der CO-Streckschwingungen ν(CO) spricht für einen erhöhten π-Rückbindungscharakter und einen schwächeren σ-Hinbindungscharakter der CO-Liganden. Daraus resultiert eine erhöhte σ-Donor- bzw. geringere π-Akzeptorstärke des jeweiligen Silylenliganden. Der Vergleich der Carbonylschwingungen ($\nu(CO)_{A1}$) bekannter Silylen-Ni(CO)$_3$-Komplexe zeigt, dass sich die σ-Donor- und π-Akzeptoreigenschaften der Si(II)liganden über einen weiten Bereich erstrecken ($\nu(CO)_{A1} = 2036-2098$ cm^{-1}; Abb. 3-12).[96] Die Silylene mit vakantem 3p-Orbital weisen starke π-Akzeptoreigenschaften auf, wohingegen die basenstabilisierten Silylenliganden als sehr gute σ-Donoren fungieren. Im Gegensatz dazu zeigen bekannte Carben-Ni(CO)$_3$-Komplexe CO-Streckschwingungen lediglich in einem kleinen Bereich um $\nu(CO)_{A1} = 2050$ cm^{-1}.[97]

3.2.1 Addition von HCl an L'Si-Ni(CO)$_3$ 29

Die Addition von HCl an das freie Silylen **5** verläuft in zwei Schritten über das kinetisch bevorzugte 1,4-Zwischenprodukt **41**, das durch Protonenwanderung zum 1,1-Endprodukt **42** umlagert (s. Abschnitt 1.2). Die Koordination des Silylens **5** an das Ni(CO)$_3$-Molekülfragment unterbindet nach 1,4-Addition von HCl die Protonenwanderung zum thermodynamisch begünstigten 1,1-Produkt. Die Reaktion des L'Si-Ni(CO)$_3$-Komplexes **29** in Toluol liefert mit etherischer HCl-Lösung bei Raumtemperatur den Chlorsilylen-Ni(CO)$_3$-Komplex **57** (Schema 3-15). Anschließend muss das Reaktionsgemisch lediglich filtriert und das Volumen des Filtrats reduziert werden, um bei -30 °C die Verbindung LSi(Cl)-Ni(CO)$_3$ **57** in Form gelber Kristalle mit einer Ausbeute von 53 % zu erhalten.

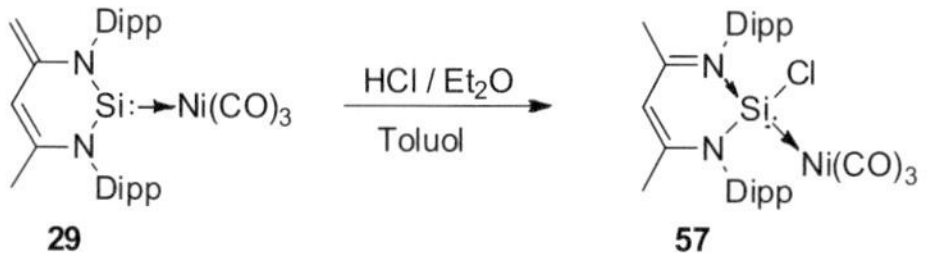

Schema 3-15 Bildung von **57** durch Addition von HCl an den L'Si-Ni(CO)$_3$-Komplex **29**.

Das ^{1}H-NMR-Spektrum von **57** bestätigt die 1,4-Adduktbildung. Die Signale für die Protonen der Methylengruppe verschwinden aufgrund der Protonierung des Ligandenrückgrats und für die terminalen Methylgruppen ist eine Resonanz bei $\delta = 1.50$ ppm zu beobachten. Für die vier Diisopropylgruppen erscheinen lediglich vier Dubletts in einem Bereich von $\delta = 0.91$ bis

1.50 ppm und die dazugehörigen zwei Septetts bei δ = 3.09 und 3.83 ppm. Das Signal des γ-Wasserstoffatoms wird bei δ = 5.30 ppm detektiert und ist nur wenig zu höherem Feld im Vergleich zum L'Si-Ni(CO)₃-Komplex **29** (δ = 5.39 ppm) verschoben. Eine leichte Hochfeldverschiebung des γ-^{13}C-Signals bei δ = 108.3 ppm für **29** auf δ = 104.8 ppm lässt sich im ^{13}C-NMR-Spektrum von **57** beobachten. Die Resonanz der Carbonylgruppen ist bei einer Verschiebung von δ = 198.4 ppm zu beobachten. Das ^{29}Si-NMR-Signal von **57** (δ = 44.1 ppm) verschiebt sich durch die Addition von HCl stark in Richtung Tieffeld (δ = 142.1 ppm für **29**). Diese chemische Verschiebung ist typisch für verwandte Ni(CO)₃-Komplexe.[40]

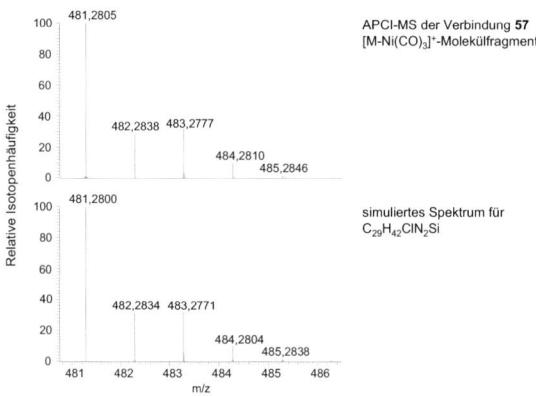

Abb. 3-13 Ausschnitt aus dem APCI-Massenspektrum der Verbindung **57**.

Das IR-Spektrum der Verbindung **57** zeigt zwei Banden für die CO-Schwingungen bei ν = 2057 und 1978 cm^{-1}. Die Beobachtung zweier Banden lässt auf einen Metallcarbonylkomplex des Typs [LM(CO)₃] schließen, der die Punktgruppe C_{3v} und damit eine Spiegelachse und eine dreizählige Drehachse aufweist. Aus der ν(CO)$_{A1}$-Schwingung bei ν = 2057 cm^{-1} lässt sich eine verbesserte σ-Donorfähigkeit des Liganden gegenüber dem freien Silylen **5** zum Ni(0)-Zentrum ableiten. Des Weiteren wurde die Verbindung **57** mit Hilfe der APCI-Massenspektrometrie charakterisiert. Der Molekülpeak M$^+$ lässt sich hier nicht beobachten. Allerdings können die Fragmentierungen des Moleküls nachgewiesen werden, die auf den Verlust von zwei Carbonylgruppen (*m/z* = 567; 2 %) bzw. von drei Carbonylgruppen (*m/z* =

539; 3 %) beruhen. Der Basispeak ist dem Molekülfragment nach Abspaltung der kompletten Ni(CO)$_3$-Gruppe (m/z = 481; 100 %) zuzuordnen. An diesem lässt sich auch die Isotopenverteilung, die durch das Chloratom in der Verbindung verursacht wird, gut beobachten. (m/z = 481 (100 %), 483 (32 %); Abb. 3-13). Zusätzlich lässt sich das Fragment nach Verlust der Ni(CO)$_3$-Gruppe und des Cl-Atoms (m/z = 446, 11 %), sowie der freie Ligand (m/z = 446, 38 %) nachweisen.

Für die Röntgenstrukturanalyse konnten aus einer gesättigten Toluollösung bei −30 °C geeignete Kristalle von **57** erhalten werden (Abb. 3-14). Die Verbindung kristallisiert in der monoklinen Raumgruppe $P2_1/m$ mit zwei Molekülen in einer Elementarzelle. Die kristallographische Spiegelebene verläuft durch die Atome C3, Si1, Ni1, C17 und O2. Aus diesem Grund wurde nur die Hälfte der Atome bestimmt und die übrigen Atompositionen mit Hilfe der Symmetrieoperation x,-y+1/2,z erzeugt. Die Atome des C$_3$N$_2$-Rückgrats des Chlorsilylen-Ni(CO)$_3$-Komplexes **57** sind annährend co-planar. Die C1-C2-Bindungslänge von 150.4 pm zeigt deutlich, dass eine Protonierung der Methylengruppe stattgefunden hat. Das Siliciumzentrum ist verzerrt tetraedrisch koordiniert und befindet sich 61.9 pm oberhalb der Ligandenhauptebene. Der N-Si-N-Winkel von 96° ist vergleichbar mit den bereits bekannten Ni(CO)$_3$-Komplexen dieser Art und weist auf einen starken p-Charakter der Si-N-Bindungen hin,[40] wohingegen der große Ni-Si-N-Winkel von 123° auf einen verstärkten s-Charakter der Si-Ni-Bindung hindeutet. Bestätigt wird diese Vermutung ebenfalls durch den relativ langen Si-Ni-Abstand von 223.6 pm im Vergleich zum Boranaddukt-Ni(CO)$_3$-Komplex **17a** (217.9 pm; Schema 2-1). Auch die Si-N-Bindung von 183.0 pm ist vergleichsweise lang, was auf eine Schwächung der π-Rückbindung schließen lässt, die aus der Addition von HCl resultiert. Dieser Effekt konnte ebenfalls bei den bis jetzt bekannten Ni(CO)$_3$-Komplexen (Si-Ni: 219-226 pm; Si-N: 180-186 pm) beobachtet werden.[40] Das Nickelatom ist verzerrt tetraedrisch koordiniert und befindet sich bezogen auf die C$_3$N$_2$-Ligandenebene in der äquatorialen Position am Si-Atom. Das Chloratom steht in einem N-Si-Cl-Winkel von 97.7° axial auf dem Siliciumatom. Die Si-Cl-Bindungslänge von 214.3 pm ist geringfügig länger als die im Chlorsilylen-Ni(CO)$_3$-Komplex **56** (211.4 pm) von Roesky *et al.*[55]

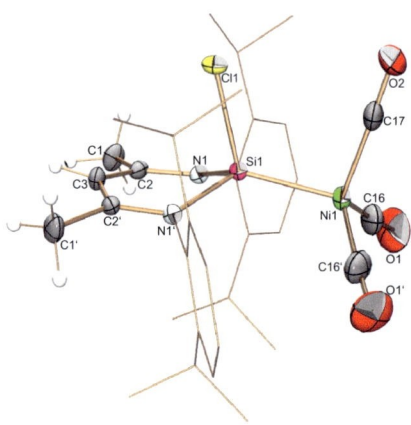

Abb. 3-14 Molekülstruktur von **57**. Wasserstoffatome (mit Ausnahme von C1 und C3) sind aus Gründen der Übersichtlichkeit nicht abgebildet. Die thermischen Schwingungsellipsoide repräsentieren 50 % der Aufenthaltswahrscheinlichkeit.

Tab. 3-5 Ausgewählte Abstände [pm] und Winkel [°] der Verbindungen **57** (d = Abstand, α = Faltungswinkel zwischen der C₃N₂-Liganden- und der SiN₂-Ebene)

Abstände	[pm]	Winkel	[°]
Si1-Ni1	223.55(9)	N1-Si1-N1'	95.9(1)
Si1-N1	183.0(2)	N1-Si1-Cl	97.66(6)
Si1-Cl1	214.3(1)	Ni1-Si1-N1	122.85(6)
C1-C2	150.4(3)	α	29.6
d(Si1-C₃N₂-Ebene)	61.9		
d(Ni1-C₃N₂-Ebene)	37.6		

3.2.2 Darstellungen von LSi(H)-Ni(CO)$_3$ 58

Der in Abschnitt 3.2.1 beschriebene Chlorsilylen-Ni(CO)$_3$-Komplex **57** bietet Dank seiner guten Abgangsgruppe (Cl⁻) die Möglichkeit, durch Substitutionsreaktionen die Reaktivität am Siliciumzentrum und gleichzeitig die Donor-Akzeptor-Eigenschaften des Liganden zu variieren. Durch einen Halogen-Hydrid-Austausch unter Verwendung von Superhydrid® Li[HBEt$_3$] kann die Chlorsilylen-Verbindung **57** zum Hydridosilylen-Ni(CO)$_3$-Komplex **58** umgesetzt werden (Schema 3-16, links). Dafür wird LSi(Cl)-Ni(CO)$_3$ **57** in Toluol gelöst und eine Li[HBEt$_3$]-THF-Lösung bei −40 °C hinzugetropft. Das entstehende Lithiumsalz und Triethylboran kann durch Filtration bzw. Entfernen aller flüchtigen Bestandteile im Vakuum abgetrennt werden. Der Rückstand wird mit n-Hexan extrahiert, das Volumen des Filtrats reduziert und bei −30 °C kann das Produkt in Form gelber Kristalle mit einer Ausbeute von 49 % isoliert werden. Alternativ kann der Silicium(II)hydrid-Komplex **58** auch direkt aus dem Silylen-Ni(CO)$_3$-Komplex **29** mit Amminboran[84] synthetisiert werden (Schema 3-16, rechts). Diese Hydrierung des Silylenkomplexes **29** läuft bei Raumtemperatur ab. Nach der Aufarbeitung durch Extraktion mit n-Hexan, Reduktion des Volumens des Filtrates im Vakuum und Kristallisation bei −30 °C kann das Produkt **58** in 51 % Ausbeute isoliert werden.

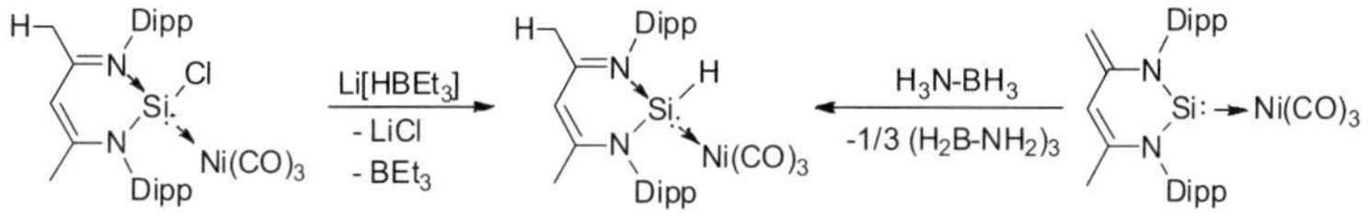

Schema 3-16 Zwei Synthesewege für den Si(II)hydrid-Komplex **58**.

Das ^{1}H-NMR-Spektrum des Hydridosilylen-Ni(CO)$_3$-Komplexes **58** (Abb. 3-15) zeigt für die acht Methylgruppen an den Diisopropylphenylsubstituenten vier Dubletts im Bereich von δ = 0.99 bis 1.36 ppm. Die dazugehörigen CH-Protonen erscheinen als zwei Septetts bei einer Verschiebung von δ = 3.00 und 3.17 ppm mit einer ^3J(H,H)-Kopplung von 6.8 Hz. Die reduzierte Anzahl an Dubletts gegenüber der Verbindung L'Si(H)Cl **42** kann durch die Spiegelebene, die senkrecht zur Ligandenebene durch die Atome C3, C17, Si1, O2 und Ni1 verläuft, erklärt werden. Die Resonanz für das γ-H-Atom von **58** wird bei δ = 5.06 ppm sichtbar und ist somit im Vergleich zu **57** (δ = 5.30 ppm) hochfeldverschoben. Eine neues

Singulett erscheint bei $\delta = 6.15$ ppm (^1J(Si,H) = 154 Hz), das dem Si-Wasserstoffatom zugeordnet werden kann. Die ^{29}Si-NMR-Verschiebung von **58** bei $\delta = 45.1$ ppm ist der des Chlorsilylen-Ni(CO)₃-Komplexes **57** ($\delta = 44.1$ ppm) sehr ähnlich.

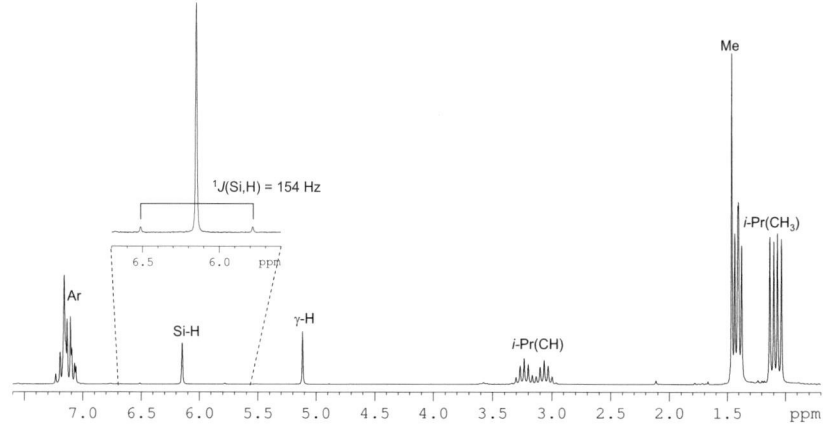

Abb. 3-15 ^{1}H-NMR-Spektrum (C₆D₆) von **58**. Der Ausschnitt zeigt den Bereich von $\delta = 5.6$ - 6.7 ppm um die Resonanz des Si-H-Atoms mit den Satelliten der ^1J(Si,H)-Kopplung.

Die Si-H-Streckschwingung kann im IR-Spektrum von **58** bedauerlicherweise keiner Bande eindeutig zugeordnet werden, da diese von den starken CO-Banden im Bereich von $\nu = 2050$ - 1950 cm^{-1} überlagert wird. Dennoch kann daraus geschlossen werden, dass die Si-H-Streckschwingung zu kleineren Wellenzahlen im Vergleich zu den Verbindungen **42** und **44** ($\nu = 2238$; 2135, 2168 cm^{-1}) und den meisten typischen Si(IV)-Hydriden ($\nu = 2300$ - 1950 cm^{-1})[98] verschoben ist. Die ν(CO)$_{A1}$-Streckschwingung $\nu = 2045$ cm^{-1} weist deutlich auf ein starkes Donorpotenzial des Silicium(II)hydrid-Liganden in Komplex **58** hin. Die Bande der ν(CO)$_{A1}$-Streckschwingung von **58** ist weiter zu kleineren Wellenzahlen verschoben als es für die bekannten basenstabilisierten Silylen-Ni(CO)₃-Komplexe bis heute beobachtet wurde.[40]

Der Molekülionenpeak (M$^+$) kann in der APCI-MS nicht nachgewiesen werden. Dennoch ist es möglich, den beobachten Peaks, die Molekülfragmente der Verbindung **58** zuzuordnen. Analog zu Verbindung **57** lassen sich die Fragmente nach Verlust von zwei bzw. drei Carbonylgruppen ($m/z = 533$, 100 %; 505, 38 %), sowie der Ionenpeak nach Verlust der

Ni(CO)$_3$-Gruppe (m/z = 447, 66 %) nachweisen. Außerdem kann der Molekülionenpeak eines Fragments nach Verlust von einem Molekül CO und H$_2$ (m/z = 559, 74 %) detektiert werden. Der Molekülionenpeak des freien Silylens **5** (m/z = 445, 46 %) und des freien β-Diketiminato-Liganden **39** (m/z = 419, 54 %) sind auch nachweisbar.

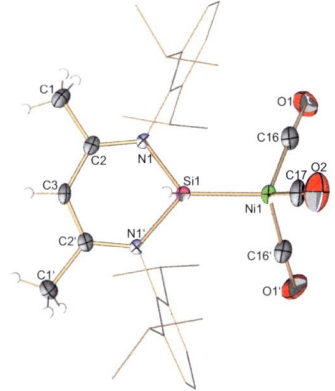

Abb. 3-16 Molekülstruktur von **58**. Die Wasserstoffatome (mit Ausnahme derer, die sich an C1, C3, C5 und Si1 befinden) sind aus Gründen der Übersichtlichkeit nicht abgebildet. Die thermischen Schwingungsellipsoide repräsentieren 50 % der Aufenthaltswahrscheinlichkeit.

Aus einer konzentrierten n-Hexanlösung konnten bei −30 °C geeignete Einkristalle für eine Röntgenstrukturanalyse von **58** gewonnen werden (Abb. 3-16). Der Si(II)hydrid-Komplex **58** kristallisiert in der monoklinen Raumgruppe $P2_1/m$ mit zwei Molekülen in einer Elementarzelle. Aufgrund der Spiegelebene, die durch die Atome C3, C17, Si1, O2 und Ni1 verläuft, wurden die restlichen Atomlagen mit der Symmetrieoperation x,-y+3/2,z erzeugt. Das Siliciumatom ist verzerrt tetraedrisch koordiniert und befindet sich 71.2 pm außerhalb der annähernd co-planaren C$_3$N$_2$-Ligandenhauptebene. Die SiN$_2$-Ebene steht in einem Winkel von 34.3° auf der C$_3$N$_2$-Ligandenebene und ist damit stärker abgewinkelt als es in dem Chlorsilylen-Komplex **57** (29.6°) der Fall ist. Der kleine N-Si-N Winkel von 95° und die Si-N-Bindung von 183.4 pm in **58** sind vergleichbar mit dem jeweiligen Winkel bzw. der Bindung in **57**. Die Ni(CO)$_3$-Gruppe befindet sich in äquatorialer Position am Si-Atom, wohingegen sich das Wasserstoffatom in einem N-Si-H-Winkel von 97.5° axial auf dem Siliciumatom befindet. Hierbei ist darauf hinzuweisen, dass das Wasserstoffatom am Siliciumatom in der Differenzfourieranalyse lokalisiert werden konnte. Die Ni-Si-Bindung ist mit 225.2 pm etwas länger als die schon geschwächte Ni-Si-Bindung in dem Chlorsilylen-Komplex **57** (223.6 pm).

Tab. 3-6 Ausgewählte Abstände [pm] (oben) und Winkel [°] (unten) für die Verbindungen **57** und **58** (d = Abstand, α = Faltungswinkel zwischen der C_3N_2-Liganden- und der SiN_2-Ebene).

	57 (X = Cl)	**58** (X = H)
Si1-Ni1	223.55(9)	225.24(8)
Si1-N1	183.0(2)	183.4(2)
Si1-X	214.3(1)	142(3)
C1-C2	150.4(3)	150.4(3)
d(Si1-C_3N_2-Ebene)	61.9	71.2
d(Ni1-C_3N_2-Ebene)	37.6	54.2
N1-Si1-N1'	96.0(1)	95.4(1)
N1-Si1-X	97.66(6)	97.51
Ni1-Si1-N1	122.85(6)	121.66(5)
α	29.6	34.4

Stabile Si(II)hydrid-Verbindungen sind heutzutage noch eine Rarität und daher sind deren Eigenschaften und Reaktivitäten bis heute nur wenig untersucht. Im folgenden Abschnitt werden die bis zur Erstellung dieser Arbeit bekannten Si(II)hydride beschrieben und die Eigenschaften des Hydridosilylen-Ni(CO)$_3$-Komplexes **58** näher erläutert.

3.2.3 Hydrosilylierung mit einem Si(II)hydrid

Hauptgruppen- und Übergangsmetallhydride sind wegen ihrer Schlüsselrolle in zahlreichen Reaktionen (z. B. in Hydrometallierungen) im Labor- und Industriemaßstab von besonderem Interesse.[99,100] Im Allgemeinen versteht man unter Hydrometallierungsreaktionen die Insertion eines ungesättigten Substrates in eine Element-Wasserstoff-Bindung. Somit handelt es sich bei Hydrometallierungsreaktionen in der organischen Synthese um eine elegante Methode um Element-Kohlenstoff-Bindungen zu bilden.

Betrachtet man die Hydrometallierungsreaktionen der 14. Gruppe so fällt auf, dass die Additionsfreudigkeit der E-H-Bindung (E = Si, Ge, Sn, Pb) innerhalb der Gruppe zunimmt (Si-H < Ge-H < Sn-H < Pb-H). Dies macht sich u. a. bei der Hydroplumbierungsreaktion von

Bu$_3$PbH mit Alkenen bemerkbar, die bereits bei 0 °C abläuft. In diesem Fall wird kein zusätzlicher Radikalstarter benötigt, da die Homolyse der Pb-H-Bindung bereits bei tiefen Temperaturen bereitwillig stattfindet. Dagegen erfolgt die analoge Hydrostannylierungsreaktion mit Bu$_3$SnH unter den gleichen Bedingungen nicht ohne Zugabe eines Katalysators.[48] Unter Berücksichtigung aller Hydrometallierungsreaktionen von Hydriden der 14. Gruppe hat sich die Hydrosilylierung zu einer der bedeutendsten und vielseitigsten Synthesemethoden für Materialien und Feinchemikalien entwickelt.[101,102] Es gibt grundsätzlich drei verschiedene Möglichkeiten für den Start bzw. den Ablauf einer Hydrosilylierungsreaktion.[100,101]

1. Radikalische Hydrosilylierung:

   Der radikalische Prozess wird entweder thermisch, photokatalytisch oder mit einem Radikalinitiator (z. B. AIBN) gestartet.

2. Lewis-Säure vermittelt:

   Eine Hydrosilylierungsreaktion kann auch mit Hilfe einer Lewis-Säure (z. B. AlCl$_3$) vermittelt werden.

3. Übergangsmetallkomplex als Katalysator:

   Die am weitesten verbreitete Methode ist der Einsatz von Übergangsmetallkomplexen als Katalysator. Der Durchbruch gelang in den späten 1950er Jahren mit dem Speier-Katalysator, der auf H$_2$PtCl$_6$ gelöst in Isopropanol basiert. Heute gibt es zahlreiche Übergangsmetallkomplexe, häufig auf den späten Übergangsmetallen basierend (Pt, Pd, Ni, Co, Rh, Fe, Ru), die in der Lage sind, Hydrosilylierungsreaktionen zu katalysieren.

Die Eignung von tetravalenten Elementhydriden der 14. Gruppe für Hydrometallierungen ist gut erforscht.[102,103] Im Gegensatz dazu sind divalente Hydride der 14. Gruppe bis heute eine Rarität, insbesondere im Fall von Si(II)- im Vergleich zu Si(IV)-Verbindungen. Das erste Zinn(II)hydrid **59** wurde von Power et al. im Jahr 2000 beschrieben und obwohl sehr große Terphenylgruppen zur sterischen Stabilisierung eingesetzt wurden, liegt die Verbindung **59** als Dimer mit verbrückenden Hydridliganden vor.[104] Durch intra- und intermolekulare Donor-Akzeptor-Stabilisierung wurde 2009 die Isolierung und Charakterisierung verschiedener niedrigvalenter Germanium- und Zinnverbindungen realisiert (Abb. 3-17). Zur Donor-Akzeptor-Stabilisierung des Ge(II)dihydrids **60** wird ein NHC sowie BH$_3$ eingesetzt.[105] Versuche, das analoge Sn(II)dihydrid zu isolieren oder als Intermediat in der

Reaktionsmischung nachzuweisen, verliefen hingegen erfolglos. Wird allerdings anstelle des Borans als Akzeptor $W(CO)_5$ verwendet, so gelingt sowohl die Stabilisierung und Isolierung des Ge(II)- (**60a**) als auch die des Sn(II)dihydrid-Komplexes **60b**.[106] Deren Synthesezugang diente auch als Vorbild für die Darstellung der Alkenanaloga $H_2Si{=}EH_2$ **61a** und **61b** (E = Ge, Sn).[107] Das ebenfalls NHC-Boran-stabilisierte Silylen H_2Si: **62**[108] wurde aus einem NHC-stabilisierten Disiliciummolekül[18] durch eine unerwartete Boran-Insertion erhalten.

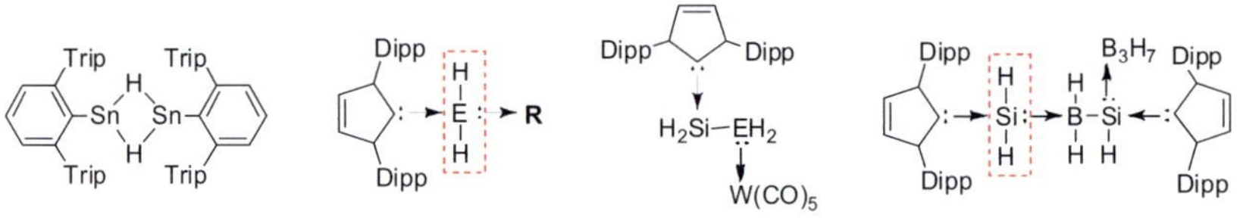

59

60: E = Ge, R = BH_3
60a: E = Ge, R = $W(CO)_5$
60b: E = Sn, R = $W(CO)_5$

61a: E = Ge
61b: E = Sn

62

Abb. 3-17 Das Dimer Zinn(II)-Hydrid **59**, die Donor-Akzeptor-stabilisierten Zinn(II)- und Germanium(II)-hydride **60**, **60a**, **60b**, Alkenanaloga **61a** und **61b** und H_2Si: **62.**

Von den ersten terminalen, monomeren Ge(II)- und Sn(II)hydriden (LGeH **43a** und LSnH **43b**) berichteten Roesky *et al.* im Jahr 2006.[109] Beide Verbindungen wurden aus den korrespondierenden Germanium(II)- bzw. Zinn(II)chloriden **41a** und **41b** unter Einsatz der unterschiedlichen Hydrierungsreagenzien (z. B. $AlH_3{\cdot}NMe_3$, K[HB(*i*-Bu)$_3$], K[HB(*s*-Bu)$_3$]) durch eine Cl/H-Metathesereaktion gewonnen und anschließend auf ihre Reaktivität hin gegenüber homo- und heteronuklearen Mehrfachbindungen getestet. Hierfür wurden die Ge(II)- und Sn(II)-Verbindungen **43a** und **43b** beispielsweise mit CO_2, verschiedenen Ketonen oder Acetylenen erfolgreich umgesetzt und die jeweiligen Mehrfachbindung in die E-H-Bindung (E = Ge, Sn) insertiert (Schema 3-17).[110,111]

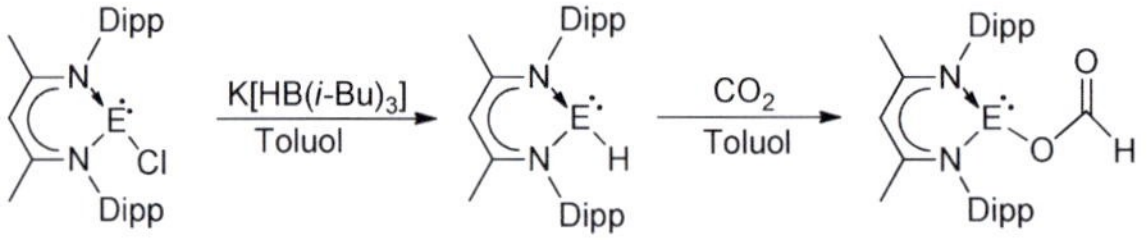

41a: E = Ge
41b: E = Sn

43a: E = Ge
43b: E = Sn

Schema 3-17 Synthese der Ge(II)- und Sn(II)hydride **43a** und **43b** mit anschließender Insertion von CO_2.

Eine vergleichbare Cl/H-Metathesereaktion kann für die Synthese eines analogen β-Diketiminato-Si(II)hydrids (LSiH) nicht angewendet werden, da wie bereits in Abschnitt 3.1.1 beschrieben, die entsprechende Chlorsilylen-Vorstufe, das LSiCl **41**, nicht isolierbar ist. Durch Protonenwanderung lagert sich das kinetische 1,4-Additionsprodukt **41** in das thermodynamisch stabilere 1,1-Additionsprodukt L'SiH$_2$ **42** um (Schema 3-3). Die Strategie mittels einer Cl/H-Substitution aus Chlorsilylen **4** mit K[HB(i-Bu)$_3$] ein Si(II)hydrid zu erzeugen, wurde auch von So *et al.* verfolgt. Doch entgegen ihrer Erwartungen erhielten sie nicht das analoge Silicium(II)hydrid **63**, sondern das Chlorsilylsilylen **64**. Die Autoren vermuten, dass das hoch reaktive Intermediat **63** nicht durch den Amidinatoliganden stabilisiert werden kann und somit in einer Hydrosilylierungsreaktion mit dem Amidinatoliganden des Ausgangsproduktes **4** das Chlorsilylsilylen **64** entsteht (Schema 3-18).[112]

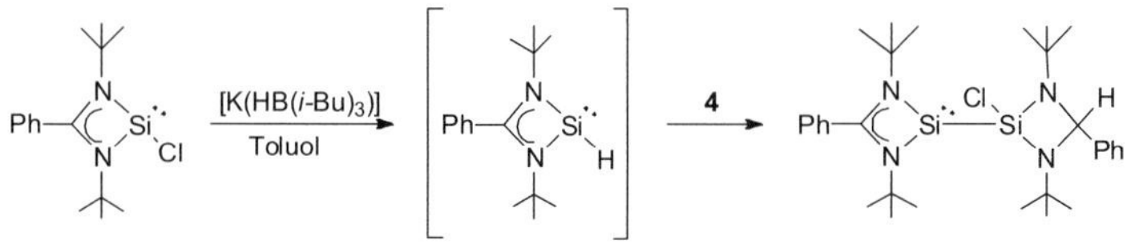

Schema 3-18 Umsetzung des Chlorsilylens **4** mit K[HB(i-Bu)$_3$] unter Bildung von **64**.

Durch Koordination des freien Elektronenpaares des Siliciumzentrums an BH$_3$ als Akzeptor war es ihnen allerdings möglich, den neu entstandenen Lewis-Säure-stabilisierten Chlorsilylen-Komplex **65** in einem weiteren Schritt mit K[HB(i-Bu)$_3$] umzusetzen. Auf diese Weise waren Roesky *et al.* in der Lage, das BH$_3$-stabilisierte Si(II)hydrid **66** zu synthetisieren (Schema 3-19).[113]

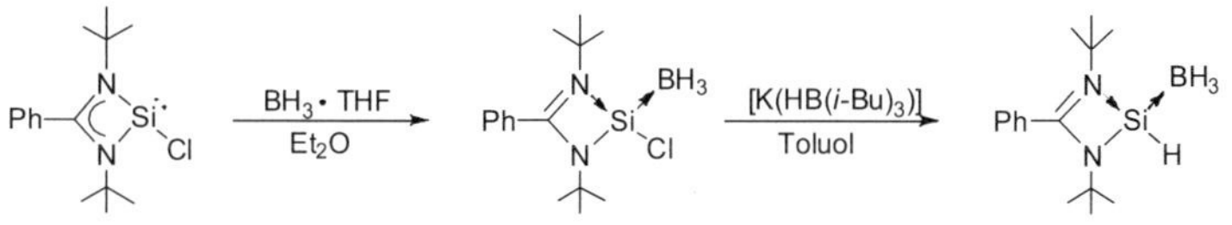

Schema 3-19 Synthese des Lewis-Säure-stabilisierten Si(II)hydrides **66**.

Erst kürzlich ist es Inoue *et al.* gelungen, ein Carben-stabilisiertes acyclisches Si(II)hydrid mittels einer Dehydrochlorierungen eines Dihydrochlorsilans mit 1,3,4,5-Tetramethylimidazol-2-yliden zu synthetisieren (Schema 3-20). Für die beiden letzteren Si(II)hydride sind bis zum heutigen Tag keine erfolgreichen Hydrosilylierungsreaktionen bekannt.

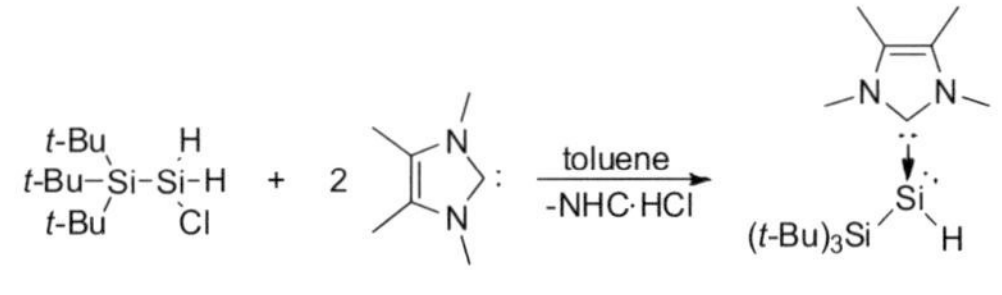

Schema 3-20 Synthese eines Carben-stabilisierten acyclisches Si(II)hydrids.

Einen Zugang zu dem ersten Phosphor-stabilisierten Si(II)hydrid **68** fanden Baceiredo *et al.* durch reduktive Dehalogenierung des korrespondierenden Dichlorsilans **67** mit Magnesium. Bei 110 °C ist das Si(II)-Hydrid **68** in der Lage, Olefine in die Si-H-Bindung zu insertieren (Schema 3-21).[114]

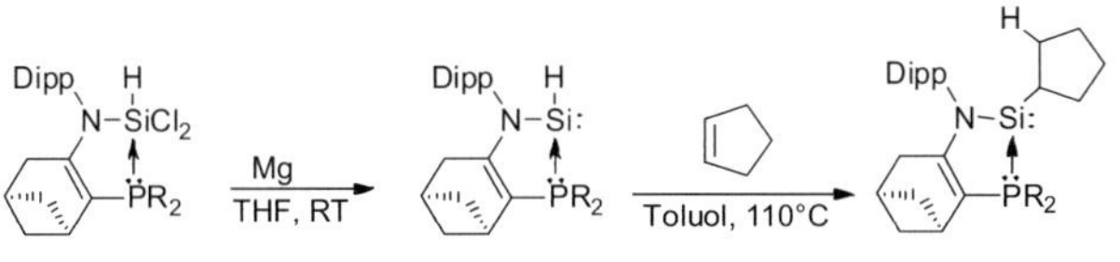

67   **68**

Schema 3-21 Synthese des Phosphor-stabilisierten Si(II)hydrids **68** mit anschließender Olefin-Insertionsreaktion in die Si-H-Bindung.

In Analogie zu diesen Erkenntnissen wurde auch das im letzten Abschnitt 3.2.2 vorgestellte Si(II)hydrid **58**, das über eine Ni(CO)$_3$-Schutzgruppe am Siliciumzentrum verfügt, hergestellt und stabilisiert. Die Koordination des Siliciumatoms an die Ni(CO)$_3$-Gruppe verhindert dabei die Wanderung des addierten Protons vom Ligandenrückgrat zum Siliciumatom. Mit Hilfe dieses Nickeltricarbonyl-Molekülfragmentes, das in der Vergangenheit gezeigt hat, dass es an Reaktionen mit kleinen Molekülen unbeteiligt bleibt,[40] ist es möglich einen leichten Zugang zu einem Si(II)hydrid zu erhalten. Wie die oben erwähnten Ge(II)- und Sn(II)hydride **43a** und **43b**, die in der Lage sind Hydrometallierungsreaktionen durchzuführen, sollte im Folgenden getestet werden, inwiefern der neu hergestellte Si(II)hydrid-Komplex **58** in der Lage ist, eine Hydrosilylierungsreaktion einzugehen. Dabei wurde die Reaktivität zunächst gegenüber stöchiometrischen Mengen an Alkinen und ohne den Einsatz eines exogenen Katalysators getestet. Dafür wurde eine Lösung des Si(II)hydrid-Komplexes **58** und Diphenylacetylen (DPA) in Toluol für zwei Stunden bei 90 °C gerührt. Nach Filtration der Reaktionsmischung, um unlösliche Nebenprodukte zu entfernen, wurden alle flüchtigen Bestandteile des Filtrats im Vakuum entfernt und der Rückstand aus wenig *n*-Hexan umkristallisiert. Obwohl der Raum um die Si-H-Bindung mit zwei sperrigen Dipp-Liganden und einem Ni(CO)$_3$-Molekülfragment stark ausgefüllt ist, reagiert der Si(II)hydrid-Komplex **58** direkt ohne Zugabe eines Katalysators mit DPA zum Produkt **69**, das in 23 % Ausbeute isoliert werden konnte. Für die erfolgreiche Insertion der C≡C-Dreifachbindung des DPAs in die Si-H-Bindung von **58** sind theoretisch sowohl Z- als auch E-Isomere denkbar.

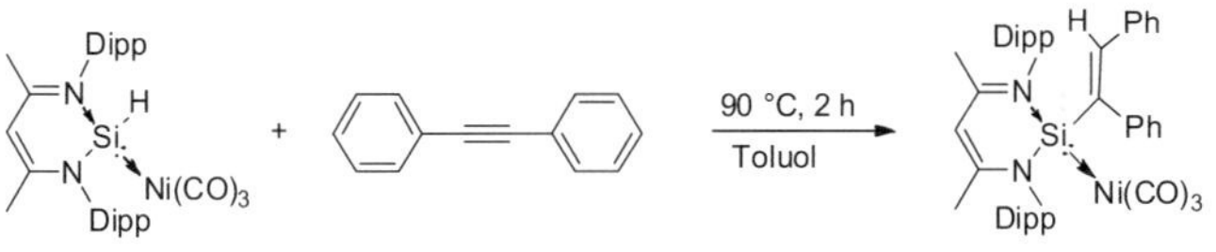

Schema 3-22 Hydrosilylierungsreaktion von Si(II)hydrid **58** mit Diphenylacetylen.

Anhand des ^{1}H-NMR-Spektrum der Reaktionslösung (Abb. 3-18) lässt sich erkennen, dass die Hydrosilylierung des symmetrischen Diphenylacetylens mit **58** stereoselektiv verläuft. Es entsteht lediglich Additionsprodukt **69**, das eine Si(II)-Alkenyleinheit besitzt. Das charakteristische Signal des Si-H-Atoms im Edukt **58** verschwindet im Laufe des Reaktionsprozesses. Gleichzeitig entsteht für das terminale Proton der Alkenylgruppe in **69** ein neues Singulett bei einer Verschiebung von δ = 8.14 ppm. Für die Methylgruppen an den Dipp-Substituenten sind zwei Dubletts bei einer Verschiebung von δ = 1.00 und 1.17 ppm mit einem Integral von jeweils 6H und einer ^3J(H,H)-Kopplung von 6.8 Hz zu beobachten, sowie ein Dublett bei δ = 1.38 ppm mit einem Integral von 12H und einer ^3J(H,H)-Kopplung von 6.6 Hz. Die dazugehörigen Septetts sind bei einer Verschiebung von δ = 3.09 ppm (^3J(H,H) = 6.8 Hz) und 3.40 ppm (^3J(H,H) = 6.6 Hz) zu finden. Es erscheint lediglich ein charakteristisches Signal für das γ-H-Atom in **69** bei δ = 4.59 ppm, was für nur ein Additionsprodukt spricht. Im Vergleich zum γ-H-Atom in **58** (δ = 5.06 ppm) ist es zu höherem Feld verschoben.

Das ^{13}C-NMR-Spektrum der Verbindung **69** zeigt eine Resonanz bei $\delta = 146.5$ ppm, die mittels ^{1}H,^{13}C-HMQC-NMR-Spektroskopie der Alkenyl-CH-Gruppe zugeordnet werden kann (Abb. 3-19). Die Resonanzen des Kohlenstoffatoms der Alkenylgruppe, welches an das Siliciumatom gebunden ist, und die der aromatischen ^{13}C-Atome befinden sich im Bereich von $\delta = 125.1$ bis 144.1 ppm. Das Signal für das γ-C-Atom ist bei einer Verschiebung von $\delta = 107.9$ ppm zu beobachten. Die Carbonylgruppen zeigen sich als ein Singulett bei $\delta = 200.5$ ppm. Das ^{29}Si-NMR-Spektrum der Verbindung **69** zeigt ein Signal bei $\delta = 65.0$ ppm, das aufgrund der elektronenziehenden Wirkung des Vinylkohlenstoffatoms im Vergleich zum Hydridliganden in **58** ($\delta = 45.1$ ppm) tieffeldverschoben ist.

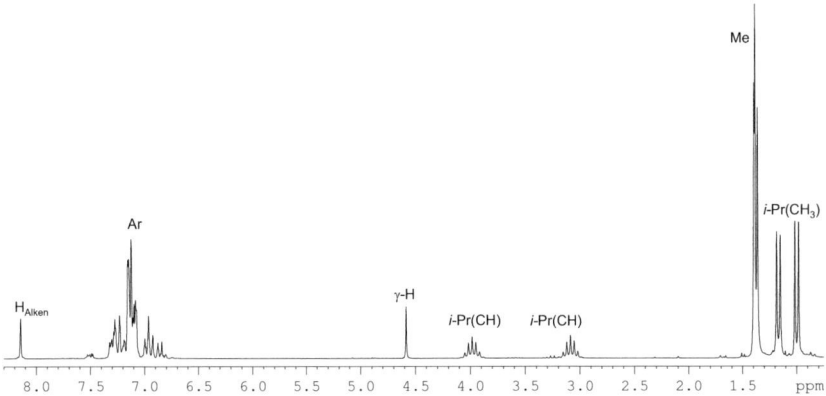

Abb. 3-18 ^{1}H-NMR-Spektrum (C$_6$D$_6$) vom Hydrosilylierungsprodukt **69**.

Im IR-Spektrum erscheinen die CO-Streckschwingungen von **69** bei einer Wellenzahl von $\nu = 1957$ und 2042 cm^{-1}. Die ν(CO)$_{A1}$-Schwingung von **69** ist nur geringfügig zu kleineren Wellenzahlen im Vergleich zum vorhergehenden Si(II)hydrid-Ni(CO)$_3$-Komplex **58** ($\nu = 2045$ cm^{-1}) verschoben und weist somit ist auf eine vergleichbare σ-Donor-/π-Akzeptorstärke des Liganden hin.

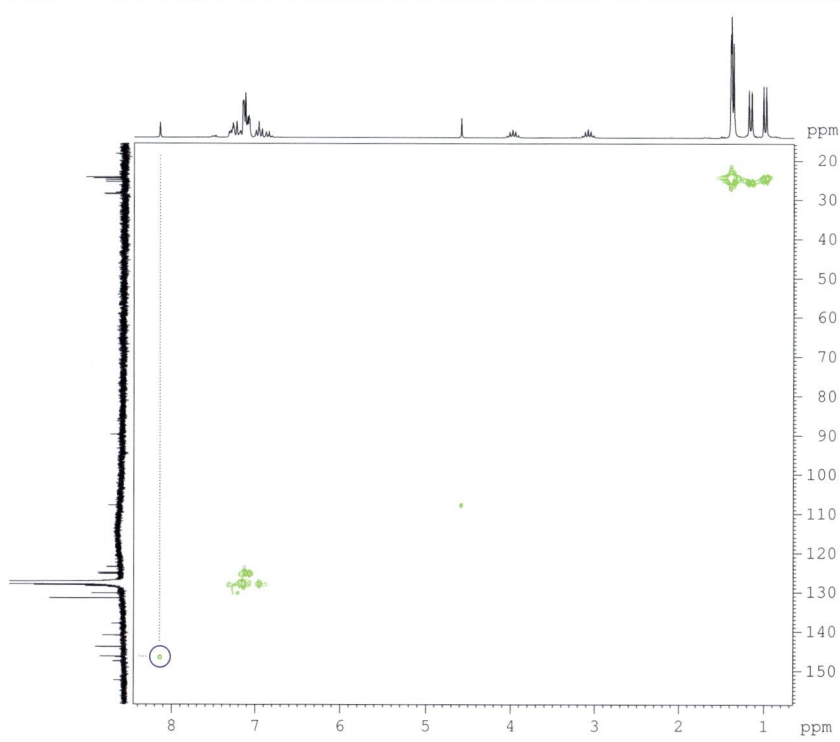

Abb. 3-19 ^{1}H,^{13}C-HMQC-NMR-Spektrum (C$_6$D$_6$) vom Hydrosilylierungsprodukt **69**. Der violette Kreis verweist auf den Kreuzpeak der Alkenyl-^{13}C-Resonanz mit dem Alkenproton.

Wie auch für die bereits bekannten basenstabilisierten Silylen-Ni(CO)$_3$-Komplexe kann der Molekülionenpeak (M$^+$) mittels APCI-Massenspektrometrie nicht nachgewiesen werden. Allerdings zeigen sich einige Molekülfragmente der Verbindung **69** im Massenspektrum. Analog zu Verbindung **57** und **58** lassen sich die Fragmente nach Verlust von zwei bzw. drei Carbonylgruppen (m/z = 711, 27 %; 683, 5 %), sowie der Ionenpeak nach Verlust der Ni(CO)$_3$-Gruppe (m/z = 625, 43 %) nachweisen. Der Molekülionenpeak des freien Silylens **5** (m/z = 445, 1 %) und des freien β-Diketiminatoliganden **39** (m/z = 419, 100 %) sind ebenfalls zu beobachten.

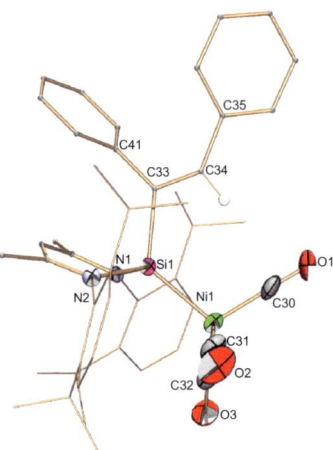

Abb. 3-20 Molekülstruktur von **69**. Die Wasserstoffatome (mit Ausnahme dessen an C34 befindlichen) sind aus Gründen der Übersichtlichkeit nicht abgebildet. Die thermischen Schwingungsellipsoide repräsentieren 50 % der Aufenthaltswahrscheinlichkeit.

Geeignete Einkristalle der Verbindung **69** für eine Röntgenstrukturanalyse konnten bei −20 °C aus einer konzentrierten *n*-Hexanlösung erhalten werden (Abb. 3-20). Verbindung **69** kristallisiert in der triklinen Raumgruppe *P*-1. Der Aufbau des Rückgrats von **69** ist wie der in den Vorläuferkomplexen **57** und **58** annährend co-planar. Das Siliciumzentrum ist verzerrt tetraedrisch koordiniert und befindet sich um 69.0 pm oberhalb der Ligandenhauptebene des Ligandenrückgrats. Bemerkenswert ist, dass die Insertion der C≡C-Dreifachbindung des Alkins in die Si-H-Bindung von **58** scheinbar einen nur sehr geringen Einfluss auf den N1-Si-N2-Winkel hat. Jedoch sind die Ni-Si-N-Winkel (115°, 118°) gegenüber dem Hydrid-Komplex **58** (122°) merklich verkleinert, sowie auch der Faltungswinkel α zwischen der C_3N_2-Ligandenebene und der SiN_2-Ebene (33.1° vgl. 54.2° für **58**), was auf den größeren sterischen Anspruch der Alkenyleinheit gegenüber dem Wasserstoffatom zurückzuführen ist. Dadurch nähert sich das äquatorial am Siliciumatom befindliche und ebenfalls verzerrt tetraedrisch umgebene Ni-Atom deutlich an die C_3N_2-Ligandenebene an (12.2 pm). Die Si-Ni-Bindung wird durch die Hydrosilylierung weiter geschwächt und verlängert sich auf 227.5 pm. Auch die Si-N-Bindungsabstände von 184.5 und 185.4 pm sind im Vergleich zu den beiden Vorläuferkomplexen **57** und **58** relativ lang, was auf eine weitere Schwächung der π-Rückbindung in den Si-N-Bindungen schließen lässt, die aus der Hydrosilylierungsreaktion resultiert. Die Alkenylgruppe steht in einem N-Si-C-Winkel von 100.5° bzw. 101.5° axial auf dem Siliciumatom. Die Si-C-Bindungslänge von 193.9 pm ist etwas länger und somit schwächer als eine typische Si-C-Einfachbindung (188 pm).[85] Der Torsionswinkel β zwischen beiden Phenylsubstituenten der *cis*-konfigurierten Alkenyleinheit beträgt 1.6°.

Tab. 3-7 Ausgewählte Abstände [pm] und Winkel [°] für die Verbindungen **69** (d = Abstand, α = Faltungswinkel zwischen der C_3N_2-Liganden- und der SiN_2-Ebene, β = Torsionswinkel zwischen C35 und C41).

Abstände	[pm]	Winkel	[°]
Si1-Ni1	227.5(1)	N2-Si1-N1	95.5(2)
Si1-N1	185.4(3)	C33-Si1-N1	101.5(2)
Si1-N2	184.5(3)	C33-Si1-N2	100.5(2)
Si1-C33	193.9(4)	C33-Si1-Ni1	121.0(1)
C33-C34	134.0(5)	N1-Si1-Ni1	115.8(1)
C1-C2	150.8(5)	N2-Si1-Ni1	118.1(1)
C4-C5	151.3(5)	α	33.1
d(Si1-C_3N_2-Ebene)	69.0	β	1.6
d(Ni1-C_3N_2-Ebene)	12.2		

Wie oben bereits beschrieben, führten Roesky *et al.* bereits Hydrometallierungsreaktionen mit den Hydriden LGeH **43a** und LSnH **43b** mit unterschiedlichen Alkinen durch. Dabei fällt auf, dass bei der Hydrostannierung mit LSnH **43b** sowohl *cis*- als auch *trans*-konfigurierte Alkeneinheiten am Stannylen erhalten werden.[111] Die Produkte der Hydrogermylierungs-reaktionen von LGeH **43a** mit Alkinen liefern hingegen selektiv die *trans*-konfigurierte Alkeneinheit.[110] Daher ist es zunächst verwunderlich, dass die Hydrosilylierung mit LSi(H)-Ni(CO)3 **58** stereoselektiv das Produkt mit *cis*-Konfiguration des Alkenylsubstituenten hervorbringt. Betrachtet man allerdings die Molekülstruktur von **69** in Abb. 3-20, so liegt die Vermutung nahe, dass aufgrund des sterischen Anspruchs der Dipp-Substituenten an den Stickstoffatomen und des zusätzlichen Ni(CO)3-Molekülfragmentes lediglich eine *cis*-Konfiguration des Alkenylsubstituenten möglich ist.

In einem NMR-Experiment wurde eine weitere Hydrosilylierungsreaktion mit Si(II)hydrid **58** durchgeführt. Anstelle des symmetrischen Diphenylacetylens wurde das asymmetrische *p*-Tolylphenylacetylen verwendet. Das Si(II)hydrid **58** wurde zusammen mit *p*-Tolylphenylacetylen in ein NMR-Rohr abgefüllt und in deuteriertem Benzol gelöst. Anschließend wurde das NMR-Rohr abgeschmolzen und über einen Zeitraum von 24 h in einem Ölbad auf 90 °C gehalten. Die Auswertung des ^{1}H-NMR-Spektrums nach 24 h bei 90 °C ergab, das in dem Reaktionsgemisch zwei Produkte (**70a** und **70b**) in einem Verhältnis von 48:52 enthalten sind. Geht man davon aus, dass die Hydrosilylierung ebenfalls stereoselektiv verläuft (wie zuvor die Reaktion von **58** und DPA) und jeweils nur die *cis*-Isomere entstehen, so ist bei den beiden entstehenden Additionsprodukten lediglich in einem Fall das C-Phenyl und in dem anderen Fall das C-*p*-Tolyl an das Si-Atom gebunden.

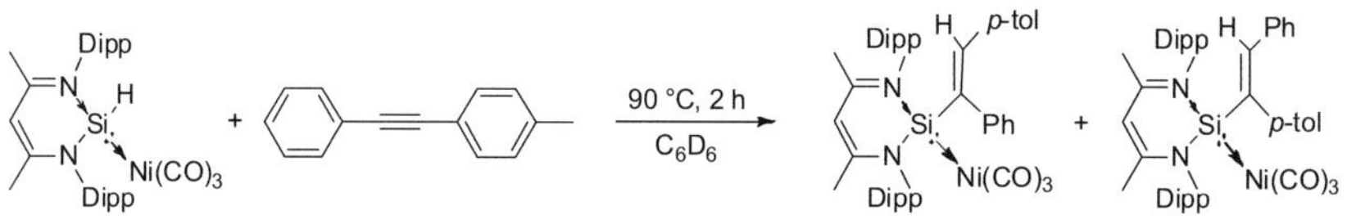

Schema 3-23 Hydrosilylierungsreaktion von **58** mit *p*-Tolylphenylacetylen.

Das ^{1}H-NMR-Spektrum der Reaktionslösung von **58** mit *p*-Tolylphenylacetylen (Abb. 3-21) zeigt für die beiden Hydrosilylierungsprodukte **70a** und **70b** zwei charakteristische Signale der jeweiligen γ-H-Atome bei einer Verschiebung von δ = 4.60 (**70a**) und 4.61 ppm (**70b**). Die beiden Singuletts für die Methylgruppen am *p*-Tolylrest sind bei δ = 1.92 (**70a**) und 2.20 ppm (**70b**) zu erkennen. Anhand der jeweiligen Integrale lassen sich diese Signale den dazugehörigen γ-H-Atomen der Isomere **70a** und **70b** zuordnen, allerdings ließ sich nicht feststellen, um welches der jeweiligen Regioisomere es sich handelt. Für die Alken-H-Atome der Verbindungen **70a** und **70b** ist lediglich ein breites Singulett bei δ = 8.14 ppm zu detektieren. Die beiden Resonanzen der γ-Kohlenstoffatome sind im ^{13}C-NMR-Spektrum der Reaktionslösung bei Verschiebungen von δ = 107.9 und 108.0 ppm zu identifizieren. Für die sechs Carbonylgruppen tritt lediglich ein Signal bei δ = 200.4 ppm auf. Auch im ^{29}Si-NMR-Spektrum tritt lediglich eine Resonanz bei δ = 64.9 ppm für **70a** und **70b** auf und entspricht somit erwartungsgemäß der Verschiebung von Verbindung **69** (δ = 65.0 ppm).

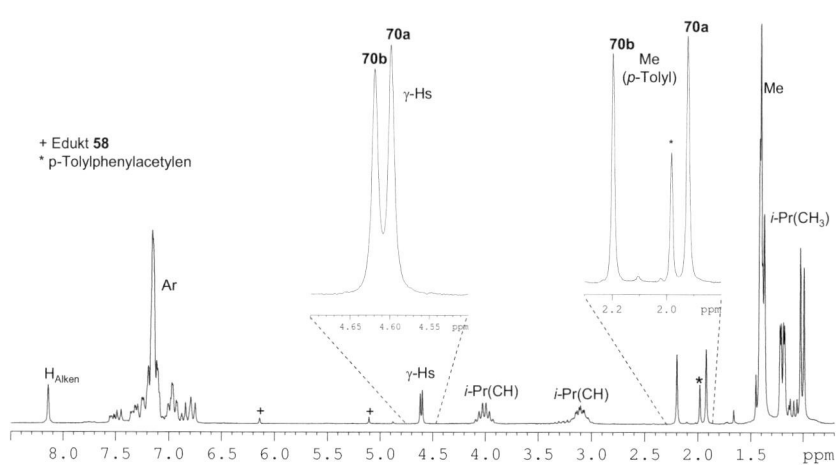

Abb. 3-21 ^{1}H-NMR-Spektrum (C_6D_6) der Reaktionslösung nach Hydrosilylierungsreaktion von **58** mit *p*-Tolylphenylacetylen. Die Ausschnitte zeigen die beiden Signale für die γ-H-Atome im Bereich von δ = 4.5 - 4.6 ppm und die Me-Gruppen des *p*-Tolylrestes im Bereich zwischen δ = 1.9 - 2.2 ppm.

Analog zu den oben beschriebenen, erfolgreichen Hydrosilylierungsexperimenten, wurden zusätzliche Versuche mit anderen Substraten durchgeführt (Tab. 3-8). Dafür wurden die jeweiligen Substrate zusammen mit dem Si(II)hydrid **58** in d_6-Benzol vorgelegt und zunächst für eine Stunde bei Raumtemperatur beobachtet. Anschließend wurden die Proben im Ölbad langsam erwärmt und bei 50, 70, 90 und 100 °C jeweils eine Stunde bei der entsprechenden Temperatur gehalten. Mittels ^{1}H-NMR-Spektroskopie wurden die Proben untersucht, bevor sie weiter erwärmt wurden. Das Hydrosilylierungsexperiment mit Si(II)hydrid **58** und Phenylacetylen führte bereits bei Raumtemperatur zur Zersetzung der eingesetzten Edukte, was vermutlich auf die Acidität des terminalen Wasserstoffatoms in Phenylacetylen zurückzuführen ist. Bereits kurze Zeit nach Zugabe des Phenylacetylens entstand ein schwarzer Niederschlag und im ^{1}H-NMR-Spektrum der Reaktionslösung konnten die entstandenen breiten Signale nicht zugeordnet werden. Beim Einsatz anderer Alkine, wie Bis(trimethylsilyl)acetylen oder Acetylendicarbonsäurediethylester konnten in den ^{1}H-NMR-Spektren der Reaktionslösungen keine Hinweise auf eine erfolgreiche Hydrosilylierung gefunden werden, was evtl. auf den sterischen Anspruch der Alkine zurückzuführen ist. In beiden Fällen sind auch nach 1 h bei 90 °C die signifikanten Signale des Si(II)hydrid-Komplexes **58** im ^{1}H-NMR-Spektrum als Hauptsignale erkennbar.

Tab. 3-8 Tabellarische Übersicht der Hydrosilylierungsversuche mit Si(II)hydrid-Komplex **58**.

Substrat	Temperatur	Resultat
Ph-C≡C-Ph	90 °C	Selektive Hydrosilylierung
Ph-C≡C-p-Tol	90 °C	Hydrosilylierung
Ph-C≡C-H	RT	Reaktion zu undefinierten Produkten
TMS-C≡C-TMS	90 °C	keine Reaktion
EtO_2C-C≡C-CO_2Et	90 °C	keine Reaktion
Et-C≡C-Et	70 °C	mehrere nicht identifizierte Produkte
Ph-C=C-Ph (cis)	100 °C	keine Reaktion
CO_2	90 °C	keine Reaktion
CO_2	100 °C	Reaktion zu undefinierten Produkten

Ein weiteres NMR-Experiment mit dem asymmetrischen Alkin 2-Pentin zeigte einen Farbumschlag von gelb nach orange und die Bildung eines schwarzen Niederschlages bereits bei 50 °C. Das ^{1}H-NMR-Spektrum der Reaktionslösung zeigte jedoch keine signifikanten Veränderungen, sondern lediglich leicht verbreiterte Signale, die auf die Niederschlagsbildung zurückzuführen sind. Bei der Reaktion von **58** und 3-Hexin trat bereits bei 70 °C eine Farbänderung des Reaktionsgemisches von gelb zu rot auf. Auch das signifikante Si-H-Signal der Verbindung **58** verschwand im ^{1}H-NMR-Spektrum der Reaktionslösung. Allerdings entstand eine Reihe an Signalen im typischen Bereich des γ-H-Atoms des Ligandenrückgrats, die auf eine Vielzahl neuer Verbindungen bzw. eine Reihe von Nebenreaktionen schließen lassen. Letztlich konnte keine Verbindung isoliert und kein eindeutiger Hinweis auf eine erfolgreiche Hydrosilylierungsreaktion beobachtet werden. In Anlehnung an die erfolgreiche Hydrosilylierung von **58** mit Diphenylacetylen wurde in einem weiteren Versuch *cis*-Stilben eingesetzt. Bis zu Temperaturen von einschließlich 100 °C wurde hierbei weder optisch noch im ^{1}H-NMR-Spektrum der Reaktionslösung eine Veränderung sichtbar. Auch der Hydrosilylierungsversuch des Si(II)hydrid-Komplexes **58** mit CO_2 zeigte bis zu einer Temperatur von 90 °C weder optisch noch im reaktionsverfolgenden ^{1}H-NMR-Spektrum eine Veränderung. Bei etwa 100 °C entstand ein schwarzer Niederschlag, der nicht identifiziert werden konnte.

Ob der sterische Anspruch der Substrate (wie Bis(trimethylsilyl)acetylen oder Acetylendicarbonsäurediethylester) die Hydrosilylierungsreaktion mit dem Si(II)hydrid-Komplex **58** verhindert hat oder die Doppelbindung des *cis*-Stilbens bereits zu viel Stabilität gegenüber der Si-H-Bindung aufbringt, ist unklar. Der nächste Absatz soll weitere Einblicke in den Mechanismus der erfolgreichen Hydrosilylierungsreaktion des Si(II)hydrid-Komplexes **58** ermöglichen und auf die folgenden Fragen Antworten liefern: Kann der Komplex **58** auch als Katalysator eingesetzt werden? Oder katalysiert der „reine" Silylen-Ni(CO)$_3$-Komplex **29** oder das freie Silylen **5** die Reaktion von Diphenylacetylen mit Amminboran (Schema 3-24)? Ist die Insertion einer C≡C-Dreifachbindung auch in die Si-H-Bindung der hergestellten Verbindungen **42** und **44** aus den Abschnitten 3.1.1 und 3.1.2 möglich?

Schema 3-24 Lässt sich die Hydrosilylierungsreaktion von Diphenylacetylen mit Amminboran durch L'Si: **5**, L'Si- Ni(CO)$_3$ **29** oder LSi(H)-Ni(CO)$_3$ **58** katalysieren?

Gibt man bei Raumtemperatur den Silylen-Nickeltricarbonyl-Komplex **29** gelöst in Toluol mit je einem Äquivalent Diphenylacetylen und Amminboran in einen Reaktionskolben, kann man zunächst die Bildung des Si(II)hydrid-Nickeltricarbonyl-Komplexes **58** beobachten. Erhitzt man das gleiche Reaktionsgemisch anschließend auf 50 °C, verschwinden die Signale der Verbindung **58** im Protonen-NMR-Spektrum der Reaktionslösung und die des Hydrosilylierungsproduktes **69** entstehen (Schema 3-25). Das Amminboran geht zu keinem Zeitpunkt direkt mit Diphenylacetylen eine Reaktion ein, was durch einen entsprechenden Blindversuch bestätigt wurde. Wiederholt man das Experiment mit nur 0.1 Äq. des Silylen-Nickeltricarbonyl-Komplexes **29**, so lässt sich ein entsprechender Umsatz von 10 % des Acetylens und Amminborans in der Reaktionsmischung feststellen.

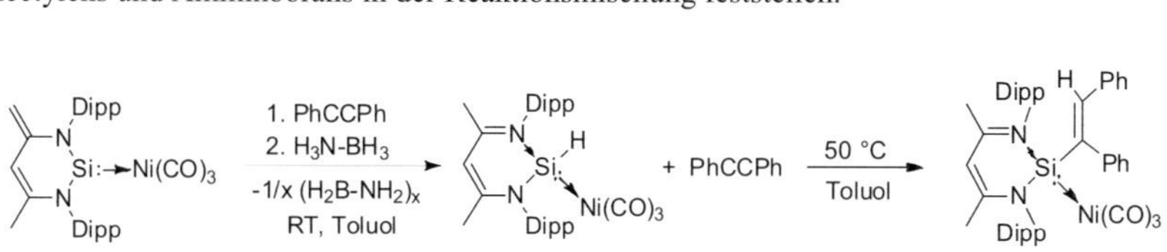

Schema 3-25 Umsetzung von DPA und Amminboran in Gegenwart des L'Si-Ni(CO)$_3$-Komplexes **29**.

Die analoge, stöchiometrische Reaktion des freien NHSis **5** anstelle des Silylen-Ni(CO)$_3$-Komplexes **29** mit Diphenylacetylen und Amminboran liefert in einem Verhältnis von ca. 1:1 das Silacycloprop-3-en **23c**[43] und die Verbindung L'SiH$_2$ **44** (Schema 3-26).

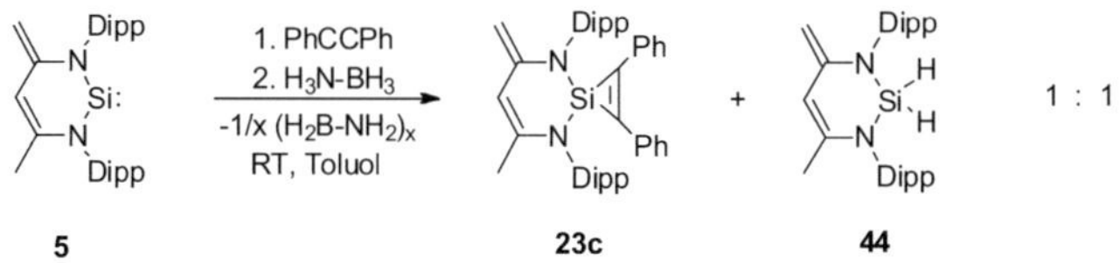

Schema 3-26 Reaktion von L'Si: **5** mit DPA und Amminboran zu Silacycloprop-3-en **23c** und L'SiH$_2$ **44**.

Die Reaktion von L'Si(H)Cl **42** mit Diphenylacetylen zeigt bis zu Temperaturen von 100 °C keine Veränderungen. Bei analogen Experimenten mit L'SiH$_2$ **44** und dem symmetrischen Alkin DPA ist bei 90 °C eine Zersetzung in Form von Niederschlagsbildung zu beobachten. In beiden Fällen lässt sich festhalten, dass keine Anzeichen auf eine erfolgreiche Hydrosilylierungsreaktion erhalten werden (Schema 3-27).

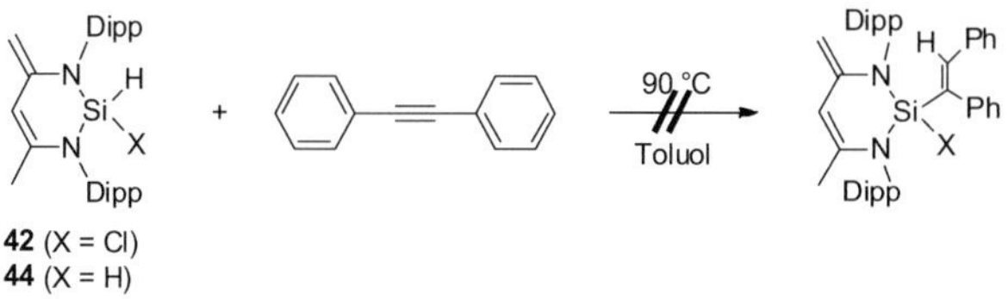

42 (X = Cl)
44 (X = H)

Schema 3-27 Umsetzung von L'Si(H)Cl **42** bzw. L'SiH$_2$ **44** mit DPA.

Welchen Einfluss hat somit das Ni(CO)$_3$-Fragment auf die Reaktion? Dient das Fragment tatsächlich nur als Schutzgruppe, um die Si(II)-Spezies zu stabilisieren? Und nach welchem Mechanismus könnte die Hydrosilylierungsreaktion mit dem Si(II)hydrid-Komplex **58** verlaufen?

Vor knapp zehn Jahren beschrieben Tobita *et al.* den Einfluss einer Si-H-Einheit auf eine Silicium-Metall-Bindung und die starken Wechselwirkungen zwischen der Silylen-Einheit und dem Hydrido-Liganden im Hydrido(hydrosilylen)-Wolframkomplex **71** (Schema 3-28, links).[115] Mit dem Wolfram-Komplex **71** war es ihnen möglich, stöchiometrische Hydrosilylierungen von Aceton[115] und Nitrilen[116] durchzuführen. Für die

Hydrosilylierungsreaktionen des Hydrido(hydrosilylen)-Rutheniumkomplexes **72** mit Ketonen (ohne α-Wasserstoffatom, hier Benzophenon) schlagen die Autoren den in Schema 3-28 dargestellten Mechanismus vor.[117] Das hydridische Wasserstoffatom am Rutheniumzentrum reagiert hierbei mit dem Carbonyl-Kohlenstoffatom, während das Si-Hydrid anschließend an die freie Koordinationsstelle am Ru-Atom wandert. Dieser Mechanismus setzt voraus, dass sich sowohl ein Hydrid am Metallzentrum als auch am Si-Atom befindet.

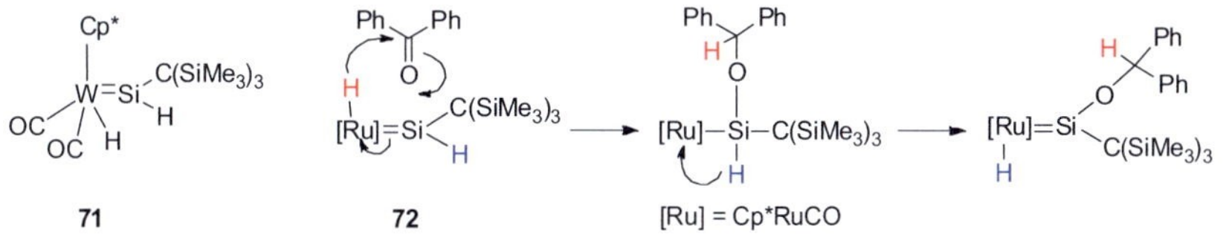

Schema 3-28 Hydrido(hydrosilylen)-Wolframkomplex **71**; Mechanismus der Hydrosilylierung von Benzophenon mit einem Hydrido(hydrosilylen)-Rutheniumkomplex **72**.

Die Arbeitsgruppe von Tilley beschäftigte sich ebenfalls ausgiebig mit der stöchiometrischen und katalytischen Hydrosilylierung mit Si(II)hydriden durch Übergangsmetallkomplexe.[118-120] Dabei zeigte sich, dass unterschiedlichste Alkene schnell stöchiometrisch an den kationischen Silylen-Osmiumkomplex **73** addieren können. Durch Zugabe eines primären Silans dient der Komplex **73** hingegen als Katalysator.[119] Der Mechanismus der Addition des ungesättigten Substrats an die Si-H-Bindung des Übergangsmetallkomplexes verläuft direkt über das unbesetzte p-Orbital am Siliciumzentrum (Schema 3-29). Dabei ist bemerkenswert, dass sogar eine Toleranz gegenüber sterisch anspruchsvollen Resten geboten ist.[118]

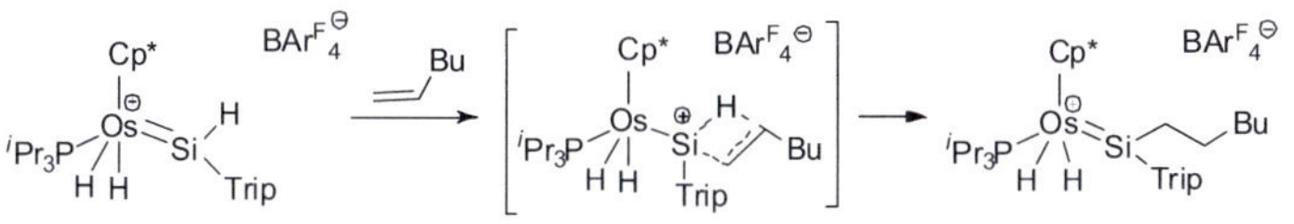

Schema 3-29 Mechanismus der Hydrosilylierungsreaktion von **73** mit Olefinen.

Der Mechanismus, den Tilley *et al.* für ihre Silylen-Übergangsmetallkomplexe vorschlagen, kann auf LSi(H)-Ni(CO)₃-Komplex **58** nicht angewendet werden, da in **58** kein vakantes p-Orbital am Siliciumatom für die Reaktion zur Verfügung steht. Zusätzlich ist die sterische

Abschirmung aufgrund des Ni(CO)$_3$-Fragmentes und der Dipp-Substituenten vergleichsweise groß. DFT-Berechnungen[2] diesbezüglich haben ergeben, dass keine Möglichkeit für eine direkte Insertion in die Si-H-Bindung besteht. Geht man davon aus, dass das Ni(CO)$_3$-Fragment an der Hydrosilylierungsreaktion beteiligt ist, wäre zunächst die Koordination der C≡C-Dreifachbindung an das Nickelatom denkbar, wodurch ein CO-Ligand abdissoziiert wird, der nach der abgelaufenen Hydrosilylierung wieder an das Ni-Zentrum koordiniert (Schema 3-30). Zusätzlich würde dieser Mechanismus eine Erklärung für die Stereoselektivität der Hydrosilylierungsreaktion liefern, da durch die Koordination der C≡C-Dreifachbindung an das Ni-Zentrum die Konfiguration festgelegt werden könnte.

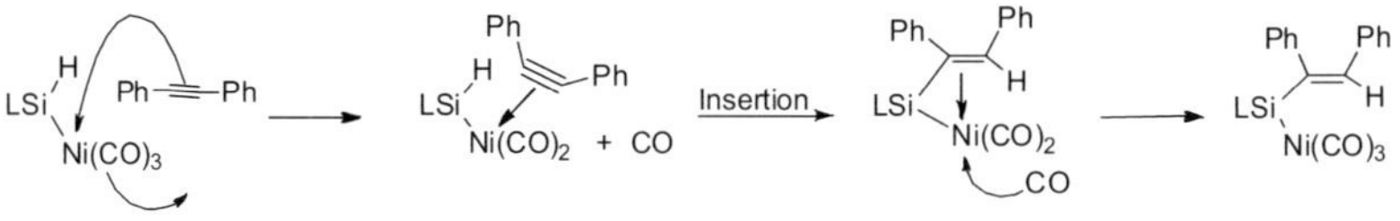

Schema 3-30 Möglicher Mechanismus für die Hydrosilylierung von Diphenylacetylen mit **58**.

Kinetische Untersuchungen mit unterschiedlichen Äquivalenten an Diphenylacetylen bei ansonsten analogen Bedingungen (50 °C, 135 min) zeigen, dass ein Überschuss an DPA die Hydrosilylierungsreaktion verlangsamt. Während bei der Reaktion mit zwei Äquivalenten nach 135 min bereits eine Umsetzung von 58 % zu beobachten ist, erhält man bei vier bzw. acht Äquivalenten lediglich eine Umwandlung von 34 % bzw. 22 % (Schema 3-31; Tab. 3-9).

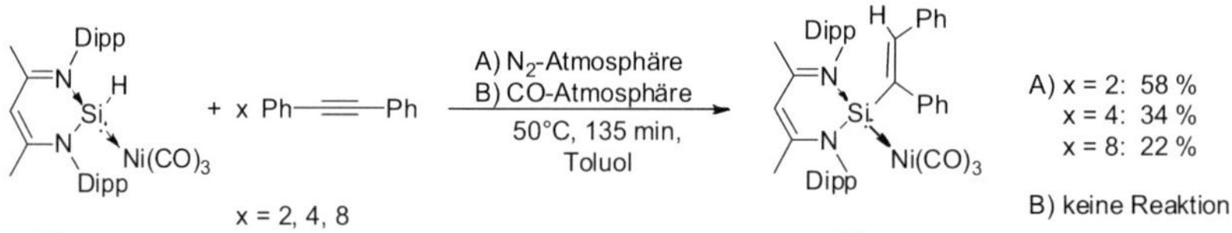

Schema 3-31 Vergleichsreaktion von **58** mit verschiedenen Äquivalenten (x = 2, 4, 8) DPA in A) N$_2$- und B) CO-Atmosphäre.

---

[2] DFT- Berechnungen wurden von Prof. Dr. Shigeyoshi Inoue durchgeführt.

In zwei parallelen Ansätzen wurde eine Lösung des Si(II)hydrides **58** mit jeweils zwei Äquivalenten Diphenylacetylen in einer N_2- (A) bzw. CO-Atmosphäre (B) bei 50 °C für 135 min gerührt. Die Reaktionslösung im ersten Reaktionskolben (A) wechselte während der Reaktionszeit die Farbe von gelb zu orange. Die Farbe der Lösung in dem parallelen Aufbau (B) zeigte optisch keine Veränderung. Die Auswertung der ^{1}H-NMR-Spektren zeigte für (A) nach 135 min, dass die Hydrosilylierungsreaktion zu 58 % abgeschlossen war. Das ^{1}H-NMR-Spektrum von (B) zeigt hingegen nur die Resonanzen der eingesetzten Edukte. Der Überschuss an CO unterbindet somit die Hydrosilylierung des Alkins. Dies lässt den Schluss zu, dass das Ni(CO)$_3$-Molekülfragment in die Reaktion involviert ist und es sich bei der Abdissoziation des CO-Liganden und der Koordination der C≡C-Dreifachbindung um den geschwindigkeitsbestimmenden Schritt der Hydrosilylierungsreaktion handeln könnte.

Tab. **3-9** Vergleich der Umsetzung von **58** mit x Äquivalenten an DPA in N_2- bzw. CO-Atmosphäre für 135 min bei 50 °C.

Äquivalente DPA	Atmosphäre	Umsetzung [%]
2	N_2	58
4	N_2	34
8	N_2	22
2	CO	0

Um diese Hypothese experimentell zu überprüfen, wurde in einem weiteren Experiment während der Reaktion kontinuierlich ein leichter N_2-Strom durch die Reaktionslösung geleitet, um möglicherweise abdissoziierendes CO zu vertreiben. Sollten im Verlauf der Reaktion CO-Moleküle freigesetzt und vom N_2-Strom vertrieben werden, wird somit die abschließende CO-Koordination an das Ni-Zentrum unterbunden und das Hydrosilylierungsprodukt **69** kann nicht gebildet werden. Die Bildung des schwarzen Niederschlages ist ein Hinweis dafür, dass die Hydrosilylierungsreaktion nicht wie erwartet erfolgt, sondern eine Zersetzung des Komplexes stattfindet. Dies ist ein Hinweis darauf, dass das Ni(CO)$_3$-Molekülfragment an der Hydrosilylierungsreaktion beteiligt ist.

3.2.4 Theoretische Berechnungen zur Hydrosilylierung mit 58

Um diesen experimentell belegten Einfluss der Ni(CO)$_3$-Gruppe auf die Hydrosilylierungsreaktion zu unterstützen und den Mechanismus aufzuklären, wurden DFT-Berechnungen[3] mit dem Programm GAUSSIAN-03 mit dem Basissatz 6-31G(d) für die Si-, N-, C-, O- und H-Atome auf B3LYP-Niveau und dem LANL2DZ-Niveau für das Ni-Atom durchgeführt. Dafür wurden die Modellverbindungen 74 - 77 (Abb. 3-22) verwendet, in denen die Dipp-Substituenten durch Phenylgruppen ersetzt wurden.

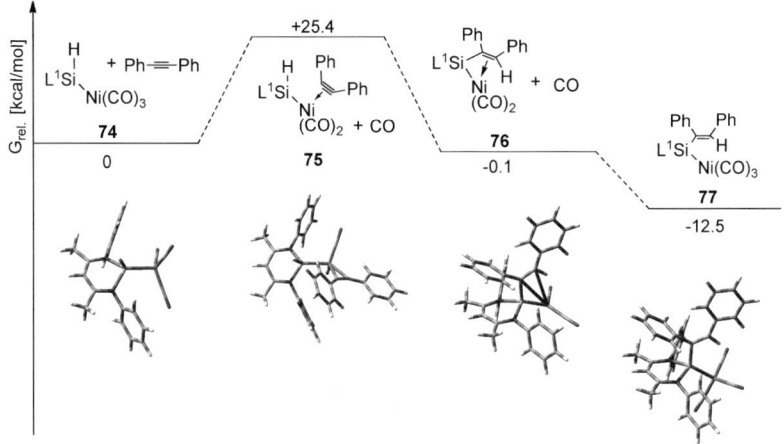

Abb. 3-22 Relative Energie für die Modellverbindungen 74 - 77, aus DFT-Berechnungen (L^1 = HC(MeCNPh)$_2$).

Wie bereits im letzten Abschnitt (3.2.3) erwähnt wurde, konnte für die direkte Insertion der C≡C-Dreifachbindung in die Si-H-Bindung der Modellverbindung 74 kein sinnvoller Pfad identifiziert werden. Daher wurden DFT-Berechnungen durchgeführt, um zu überprüfen, ob der aufgrund der experimentellen Befunde vorgeschlagene Mechanismus (Schema 3-30) über eine Nickel-vermittelte Hydrosilylierung energetisch sinnvoll ist (Abb. 3-22). In einem ersten Schritt findet demnach ein einfacher Ligandenaustausch von CO durch ein Alkin am Ni-Zentrum statt. Dieser Schritt benötigt 25.4 kcal/mol und es entsteht daraus die Modellverbindung 75, die eine Ni(CO)$_2$(η^2–alkinyl)-Einheit besitzt. Dieser Schritt kann ein zusätzlicher Grund für die Stereoselektivität der Hydrosilylierungsreaktion sein, da die

---

[3] Die DFT-Berechnungen wurden von Prof. Dr. Shigeyoshi Inoue durchgeführt.

Koordination der C≡C-Dreifachbindung an das Ni(CO)$_3$-Fragment die *cis*-Konfiguration der Alkenylgruppe vorgibt (Abb. 3-23). Die koordinierende C≡C-Dreifachbindung kann anschließend in die Si-H-Bindung insertieren und bildet in einer schwach exothermen Reaktion den Si(II)alkenyl-Ni(CO)$_2$-Komplex **76**. Ein ähnlicher Mechanismus wurde auch von Hall *et al.*[121] für die metallkatalysierte Hydrosilylierung von Ethen mit einem Silylen-Rutheniumkomplex vorgeschlagen. Im abschließenden exothermen Schritt ($\Delta G_{rel} =$ -12.5 kcal/mol) wird der Si(II)-Olefinligand wieder durch das zuvor abdissoziierte Carbonyl-Molekül verdrängt und liefert das Hydrosilylierungsprodukt **77**. Eine Nickelhydrid-Spezies als mögliches Intermediat konnte auf der Energiehyperfläche zwar gefunden werden, allerdings erscheint die Energie ($\Delta G_{rel} = +44.8$ kcal/mol) dieser Struktur zu hoch, um für die Reaktion tatsächlich relevant zu sein.

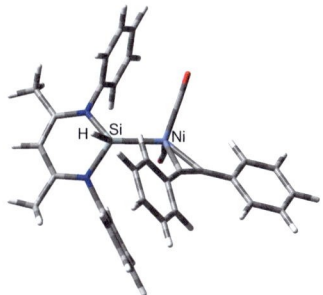

Abb. 3-23 Modellverbindung **75** zeigt Koordination der C≡C-Dreifachbindung an das Nickelzentrum.

Zusammenfassend lässt sich feststellen, dass zwei Synthesewege für das neue Si(II)hydrid **58**, das in der Lage ist, Hydrosilylierungsreaktionen mit Alkinen einzugehen, gefunden werden konnte. Von zentraler Bedeutung war hierfür, die Ni(CO)$_3$-Gruppe, die zunächst als Schutzgruppe zur Stabilisierung der Si(II)-Einheit eingesetzt wurde und somit erst den Zugang zum Si(II)hydrid ermöglichte. In zahlreichen Reaktionen konnte gezeigt werden, dass die Ni(CO)$_3$-Gruppe ebenfalls eine vermittelnde Rolle in den anschließenden Hydrosilylierungsreaktionen spielt. Aufgrund des sterischen Anspruchs der Ni(CO)$_3$-Gruppe, aber auch wegen der vermittelnden Aufgabe bei der Hydrosilylierungsreaktion, ist das Ni(CO)$_3$-Molkülfragment entscheidend an der Stereoselektivität der ablaufenden Reaktion beteiligt. Der vermutete Mechanismus konnten abschließend durch DFT-Berechnungen gestützt werden. Allerdings ist ebenso festzuhalten, dass der Hydridosilylen-Ni(CO)$_3$-Komplex **58** zwar in der stöchiometrischen Hydrosilylierungsreaktion eingesetzt werden kann, jedoch keine Anwendung als Katalysator findet. Allgemein ist der Einsatz *N*-heterocyclischer Silylenliganden in Übergangsmetallkomplexen als Katalysatoren (im Gegensatz zu den verwandten NHC-Übergangsmetallkomplexen) noch weitgehend Neuland.[69] Obwohl die Gruppe der NHSi-Nickelkomplexe eine der populärsten Übergangsmetallkomplexe im Bereich der Silylenkomplexe darstellt, gab es bis vor Kurzem keinen Komplex dieser Art, der erfolgreich in einer Katalysereaktion eingesetzt wurde.

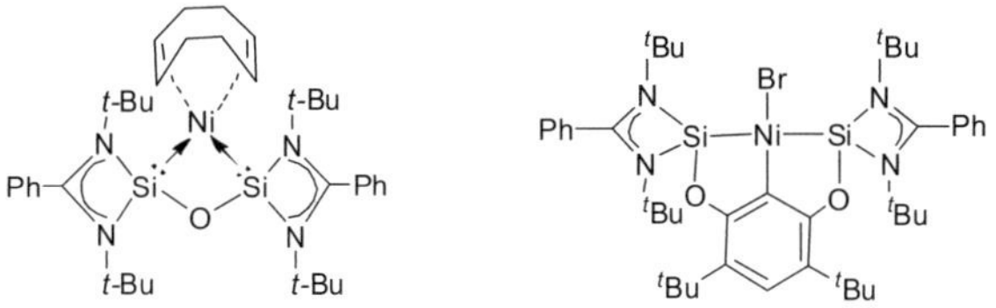

Abb. 3-24 Bis-Silylen-Nickelkomplexe, die als Katalysatoren eingesetzt wurden.

Von den ersten NHSi-Ni-Komplexen, die als Katalysatoren eingesetzt und getestet wurden, berichteten Inoue und Enthaler[72], sowie Hartwig und Drieß[73] erst kürzlich. In beiden Fällen wurde ein Bis-Silylen als Ligand eingesetzt, um die Stabilität des Komplexes zu erhöhen. Ausgehend vom Sauerstoff-verbrückten Bis-Silylen **8a** (Abb. 1-4) wurde durch Reaktion mit Ni(cod)$_2$ ein Cyclooctadien-Ligand am Nickelzentrum durch **8a** substituiert.[20] Der entstandene Bis-Silylen-Nickelkomplex **38** (Abb. 3-24) wurde als Präkatalysator in C-C-Kupplungsreaktionen eingesetzt und dabei konnten teilweise exzellente Ausbeuten erzielt werden.[72] Auch Bis-Silylen **8b** wurde mit NiBr$_2$(dme) in Gegenwart von Triethylamin zum Pincer-ähnlichen [SiCSi]NiBr-Komplex **78** umgesetzt, welcher anschließend erfolgreich in Sonogashira Kreuzkupplungsreaktionen eingesetzt wurde.[73]

In diesem Abschnitt konnte gezeigt werden, dass die Si-Ni-Bindung des NHSi-Ni(CO)$_3$-Komplexes **29** bei der Addition kleiner Moleküle (z. B. H$_2$O, H$_2$S, NH$_3$, PH$_3$) unangetastet bleibt und das Ni-Atom nicht in die Reaktion involviert wird, sondern zunächst als Schutzgruppe fungiert. In den Hydrosilylierungsreaktionen des Si(II)hydrid-Komplexes **58** hingegen nimmt das Nickelatom eine vermittelnde Rolle ein. Bis zum heutigen Tag zeigt allerdings keiner dieser hergestellten Ni(CO)$_3$-Komplexe[40,66,122] katalytische Aktivität. Daher soll im nächsten Abschnitt ein Wechsel zu neuen Übergangsmetallen stattfinden, mit dem Ziel, die neuen NHSi-Komplexe als Katalysator zu nutzen.

3.3   Neuer Zugang zu NHSi-Rhodium- und Iridium-Komplexen

Übergangsmetallkomplexe der 9. Gruppe konnten in den letzten Jahren für eine Vielzahl katalytischer Prozesse eingesetzt werden.[3,123] Im Vergleich zu den NHSi-Übergangsmetallkomplexen der 10. Gruppe sind die der 9. Gruppe deutlich rarer.[45]

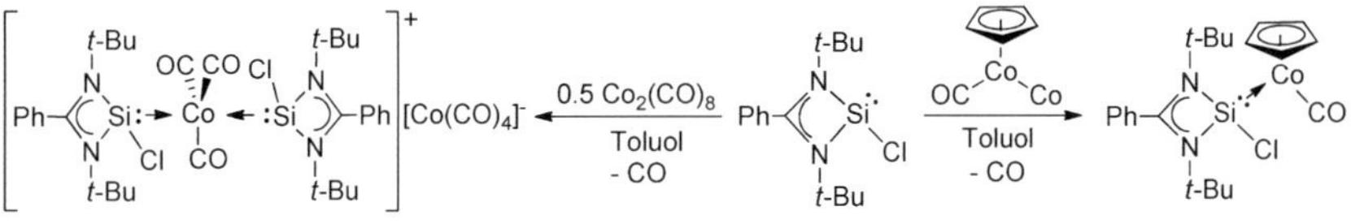

Schema 3-32 Synthesen zweier NHSi-Cobaltkomplexe durch CO-Substitution aus dem Chlorsilylen **4**.

Im Jahr 2012 wurden ausgehend vom Chlorsilylen **4** durch CO-Substitutionsreaktionen von Roesky *et al.* zwei NHSi-Cobaltkomplexe mit [CpCo(CO)$_2$] bzw. Co$_2$(CO)$_8$ synthetisiert (Schema 3-32).[54] Ebenfalls basierend auf dem Chlorsilylen **4** wurde in unserer Arbeitsgruppe im gleichen Jahr der heterobimetallische Fe-Co-Komplex **37** hergestellt und auf seine katalytischen Eigenschaften hin untersucht.[124]

Durch Reaktion von Dilithioferrocen mit Chlorsilylen **4** entsteht das Bis-Silylen **79** mit Ferrocen als verbrückende Einheit. Aus Cobaltdibromid wurde mit Natriumcyclopentadien und Kaliumgraphit eine geeignete CpCo(I)-Quelle für die Reaktion mit dem Ferrocen-verbrückten Bis-Silylen **79** erzeugt und der heterobimetallische Bis-Silylenkomplex **37** synthetisiert (Schema 3-33, links). Die Reaktion des Bis-Silylens **79** mit zwei Äquivalenten [CpCo(CO)$_2$] liefert nach einer CO-Substitution den Bis-Silylenkomplex **80** (Schema 3-33, rechts).

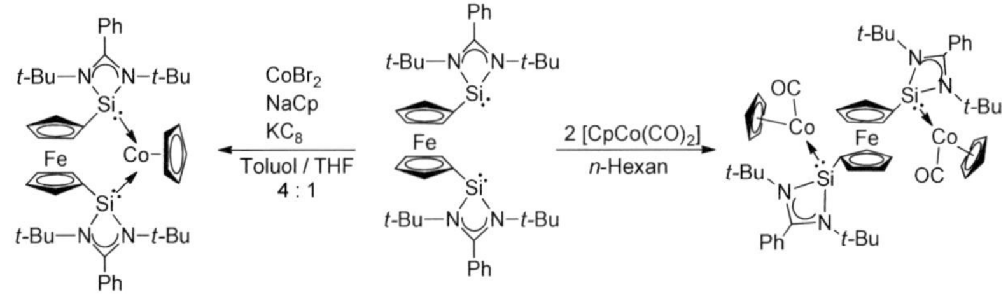

Schema 3-33 Synthesen der heterobimetallischen Komplexe **37** und **80** aus dem Bis-Silylen **79**.

Die katalytische Aktivität des neuen bidentate Silylenkomplexes **37** wurde anschließend in [2+2+2]-Cycloadditionen getestet. Die Reaktion mit Phenylacetylen liefert eine quantitative Umsetzung des Phenylacetylens zu den zwei Isomeren **81a** und **81b** (Schema 3-34). Bemerkenswert ist hierbei, dass der analoge Germylenkomplex keine katalytische Aktivität bei der Umsetzung von Phenylacetylen zeigt.

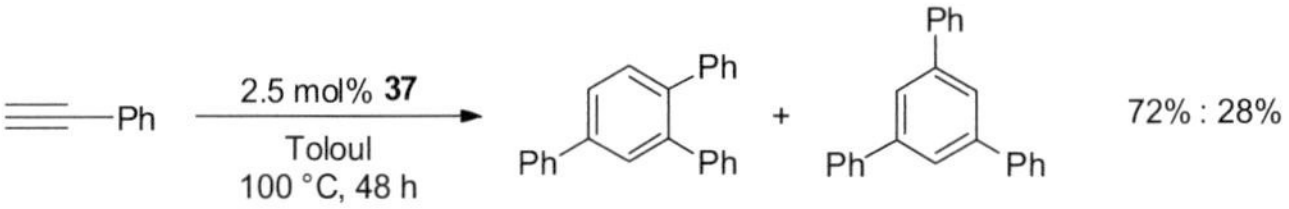

Schema 3-34 Cycloaddition von Phenylacetylen mit **37** als Präkatalysator.

Von den ersten NHSi-Rhodiumkomplexen berichteten Neumann and Pfaltz im Jahre 2005.[63] Für die kationischen, homoleptischen Tetrasilylen-Rh(I)-Komplexe des Typs [Rh(Si[N(t-Bu)CH$_x$]$_2$)$_4$]BAr$_F$ (**82a**: x = 1, Abb. 3-25; **82b**: x = 2) wurden die N-heterocyclischen Silylene **1** und **2** mit jeweils sechs Äquivalenten [Rh(cod)$_2$]BAr$_F$ umgesetzt.

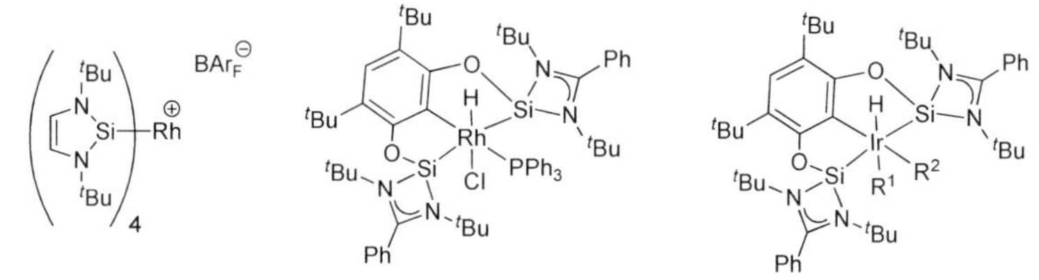

82a   **83**   **83a:** R¹ = Cl, R² = coe
                                  83b: R¹ = H, R² = CO

Abb. 3-25 Der erste NHSi-Rh-Komplex **82a**, Bis-Silylen-Rh-Komplex **83** und Ir-Pincerkomplexe **83a** und **83b**.

Ausgehend vom Bis-Silylen **8b** wurden von unserer Arbeitsgruppe kürzlich die Synthesen eines Rhodium(III)- (**83**) und verschiedener Iridium(III)-Pincerkomplexe (**83a** und **83b**) beschrieben. Darüber hinaus wurde der Einfluss der σ-Donorstärke der Liganden (Phosphan vs. Germylen, Silylen) auf die Reaktivität der analogen Komplexe hin untersucht, und die Eignung des Iridium-Pincerkomplexes **83a** als Präkatalysator in C-H-Borylierungsreaktionen von Arenen getestet.[23] Dafür wurde der Komplex **83a** *in situ* aus dem Bis-Silylen **8b** und [IrCl(coe)₂]₂ erzeugt. Die Autoren berichteten, dass durch Zugabe von Cycloocten die Ausbeute der Borylierungsreaktion merklich erhöht werden konnte. Es handelt sich hierbei um das einzige Beispiel für katalytische Studien mit einem NHSi-Iridiumkomplex. Untersuchungen über die katalytische Aktivität von NHSi-Rhodiumkomplexen liegen hingegen noch nicht vor.

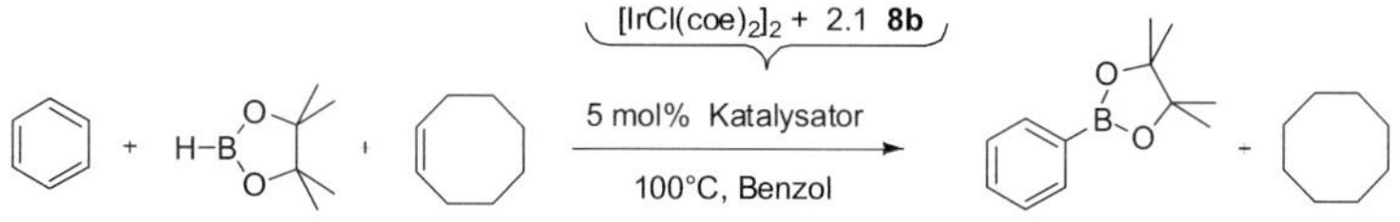

Schema 3-35 C-H-Borylierungsreaktion von Arenen mit dem *in situ* erzeugten Komplex **83a** als Präkatalysator.

Wie bereits in der Einleitung erwähnt, ist es Braun und Mitarbeitern gelungen, aus dem β-Diketiminatosilylen **5** durch Insertion in eine Ir-H-Bindung des Komplexes [Cp*IrH₄] den Ir(V)-Komplex **30** zu synthetisieren. Nach einer anschließenden Protonenwanderung vom Iridiumatom zur Butadieneinheit des Ligandenrückgrats innerhalb der folgenden 24 h konnte der Ir(III)-Komplex **30b** beobachtet werden (Schema 1-12).[67]

3.3.1 Synthese des LSi(Cl)-Rh(Cl)cod 86

Die Synthese von NHC-Rhodiumkomplexen unter milden Bedingungen aus freien *N*-heterocyclischen Carbenen und dem Komplex [Rh(Cl)cod]₂ **84a** hat sich vor einigen Jahren etabliert (Schema 3-36), wobei der Einfluss der verschiedenen NHCs als Liganden untersucht wurde.[125,126] So können diese NHC-Rhodiumkomplexe beispielsweise als Katalysator in Hydroaminomethylierungen eingesetzt werden.[127]

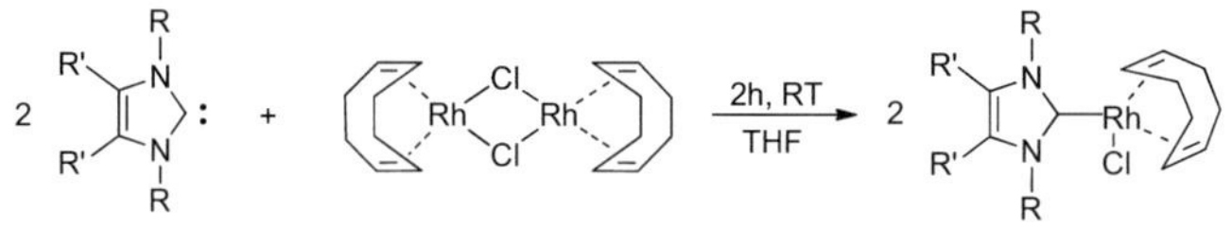

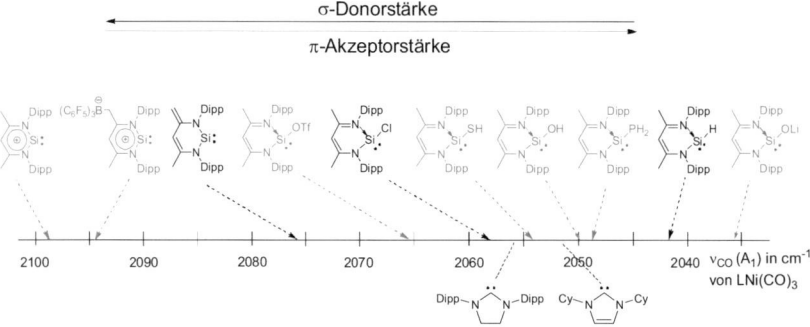

R = Mes, Dipp
R' = H, Cl, Me,

84a

85
(für R = Mes, R' = H)

Schema 3-36 Synthese verschiedener NHC-Rhodiumkomplexe mit [Rh(Cl)cod]₂ **84a**.

Die gleiche Synthesestrategie kann für das ylid-artige Silylen **5** nicht angewendet werden, da bei analoger Reaktionsführung das freie Silylen **5** keine Reaktion mit dem Rhodium-Dimerkomplex **84a** eingeht. Eine Ursache für dieses Verhalten könnte die schlechtere σ-Donorstärke des Silylens **5** im Vergleich zu den verwendeten Carbenen sein (Abb. 3-26).

σ-Donorstärke

π-Akzeptorstärke

| 2100 | 2090 | 2080 | 2070 | 2060 | 2050 | 2040 v_{CO} (A₁) in cm⁻¹ von LNi(CO)₃ |

Abb. 3-26 Vergleich der verschiedenen σ-Donor- und π-Akzeptorstärken von Silylen- und Carbenliganden in Ni(CO)₃-Komplexen und deren Auswirkung auf die Carbonylstreckschwingungen (A₁).[96]

Wie bereits in Abschnitt 3.1.1 beschrieben wurde, bildet sich bei der Reaktion von HCl mit dem β-Diketiminatosilylen **5** zunächst bei tiefen Temperaturen das kinetische 1,4-Additionsprodukt **41**. Noch vor Erreichen der Raumtemperatur setzt eine Protonenwanderung vom Ligandenrückgrat zum Siliciumatom ein und das thermodynamisch stabilere 1,1-Produkt **42** entsteht. Zusätzlich weisen die Carbonylstreckschwingungen im IR-Spektrum des Chlorsilylen-Ni(CO)$_3$-Komplexes **57** auf einen stärkeren σ-Donorcharakter des Chlorsilylenliganden im Vergleich zum freien Silylenliganden hin (Abb. 3-26). Dieser Zusammenhang ermöglicht letztlich die Synthese des neuartigen Chlorsilylen-Rhodiumkomplexes **86**. Für die erfolgreiche Synthese des neuen Chlorsilylen-Rhodiumkomplexes **86** ist demzufolge entscheidend, dass die Umsetzung bei tiefen Temperaturen durchgeführt wird, um die thermodynamisch bevorzugte 1,1-Addition von HCl zu Verbindung **42** zu verhindern. Da das freie Silylen **5** mit dem Rhodiumkomplex **84a** bei Raumtemperatur keine Reaktion eingeht, können beide Edukte (**5** und **84a**) zusammen in einen Reaktionskolben vorgelegt und in THF gelöst werden. Vor der Zugabe der HCl-Diethylether-Lösung wird die Reaktionslösung auf −78 °C abgekühlt. Nach Zugabe der etherischen HCl-Lösung wird die Lösung langsam wieder auf −10 °C erwärmt und über mehrere Stunden bei dieser Temperatur gehalten. Es bildet sich zunächst bei tiefen Temperaturen das Zwischenprodukt **41**, das in einem weiteren Schritt in der Lage ist, an das Rh-Zentrum des [Rh(Cl)cod]$_2$-Komplexes **84a** zu koordinieren (Schema 3-37). Solange die Reaktion unterhalb von 0 °C gehalten wird, kann die Protonenwanderung vom Ligandenrückgrat zum Siliciumatom unterbunden werden. Allerdings läuft auch die Koordination des Siliciumatoms an das Rhodiumzentrum bei diesen Temperaturen nur langsam ab. Sobald die Protonenumlagerung zum Si-Atom stattgefunden hat und L'Si(H)Cl **42** anstelle des 1,4-Produktes **41** vorliegt, ist die Reaktion abgeschlossen und irreversibel, denn auch durch einen weiteren Abkühlungsvorgang findet keine Protonenumlagerung zur Butadieneinheit des Rückgrats statt. Die Bildung des unerwünschten Nebenproduktes **42** kann während der Synthese nicht vollständig verhindert werden. Um zu vermeiden, dass das Ausgangsmaterial **84a** zurückbleibt, wurde sowohl vom NHSi **5** als auch von der HCl-Lösung jeweils 2.5 Äquivalente (bezogen auf ein Äquivalent des Rh-Dimers **84a**) in der Reaktion eingesetzt. Nach Abtrennung des Niederschlages durch Filtration und anschließender Entfernung aller flüchtigen Bestandteile aus dem Filtrat, kann das unerwünschte Nebenprodukt **42** durch Waschen mit wenig kaltem (0 °C) *n*-Hexan entfernt werden.

Anschließend kann der Rückstand aus *n*-Hexan umkristallisiert und das Produkt **86** in Form roter Kristalle mit einer Ausbeute von 70 % isoliert werden.

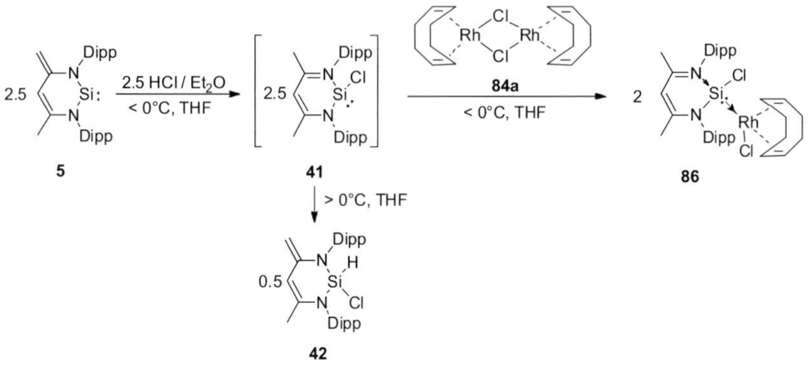

Schema 3-37 Synthese des Chlorsilylen-Rhodiumkomplexes **86** über das Zwischenprodukt **41**.

Das ^{1}H-NMR-Spektrum der Verbindung **86** (Abb. 3-27) bestätigt die 1,4-Addition von HCl an das NHSi **5** bzw. die damit einhergehende Protonierung der Methylengruppe im Ligandenrückgrat von **5**. Die Signale der Methylengruppe in **5** sind nach der Reaktion zu **86** nicht mehr zu beobachten. Im Gegenzug entsteht bei δ = 1.53 ppm ein Singulett für die beiden Methylgruppen des Ligandenrückgrats. Für die vier Isopropylgruppen sind zwei Dubletts bei δ = 1.00 und 1.09 ppm mit einem Integral jeweils für 6H und einer ^3J(H,H)-Kopplung von 6.7 Hz zu erkennen, sowie ein Dublett bei δ = 1.63 ppm mit einem Integral für 12H. Trotz der unterschiedlichen Verschiebungen der Dubletts erscheint für die dazugehörigen vier CH-Gruppen nur ein Septett bei einer Verschiebung von δ = 3.53 ppm. Für die CH$_2$-Protonen am cod-Liganden treten breite Multipletts im Bereich von δ = 1.59 - 1.86 ppm auf, die teilweise von einem Dublett der Dipp-Substituenten überlagert werden. Die CH-Protonen des cod-Liganden erzeugen breite Resonanzen bei δ = 3.44 und 5.46 ppm. Das charakteristische γ-H-Atom des Ligandenrückgrats ist als Singulett bei δ = 5.30 ppm zu beobachten. Die Resonanz für das charakteristische γ-C-Atom erscheint im ^{13}C-NMR-Spektrum von **86** bei δ = 105.5 ppm. Den Kohlenstoffatomen der CH$_2$-Gruppen des cod-Liganden sind die Signale bei δ = 27.2 und 33.5 ppm zuzuordnen. Die CH-Gruppen des cod-Liganden werden aufgrund ihrer Kopplung zum Rhodiumatom als Dubletts sichtbar. Für die Vinylkohlenstoffatome, die sich *trans*-ständig zum Chloratom befinden, ist ein Dublett bei δ = 65.9 ppm mit einer

^1J(Rh,C)-Kopplung von 13.5 Hz zu beobachten. Die Vinylkohlenstoffatome, *trans*-ständig zum Chlorsilylenliganden, hingegen treten deutlich weiter tieffeldverschoben bei δ = 112.1 ppm mit einer ^1J(Rh,C)-Kopplung von 4.5 Hz auf. Im Gegensatz dazu erzeugt der [Rh(Cl)cod]$_2$-Dimerkomplex **84a** aufgrund seiner Symmetrie nur ein Dublett bei 78.2 ppm mit einer ^1J(Rh,C)-Kopplung von 14.1 Hz. Die stark unterschiedlichen Verschiebungen der Vinylkohlenstoffatome sind auch für den NHC-Rhodiumkomplex **85** (Schema 3-36) zu beobachten, in dem die CH-Kohlenstoffatome des cod-Liganden bei einer Verschiebung von δ = 68.7 und 99.8 ppm als Dubletts mit ^1J(Rh,C)-Kopplungen von 14.3 bzw. 6.8 Hz auftreten.[126,128] Es fällt auf, dass die Resonanzen der Vinylkohlenstoffatome in den Rhodiumkomplexen **85** und **86**, die in *trans*-Stellung zum Carben- bzw. Chlorsilylenliganden stehen, stark tieffeldverschoben sind, was für einen ausgeprägten π-Komplexcharakter der Koordination spricht. Bestärkt wird diese Vermutung durch die kleinen Kopplungskonstanten (^1J(Rh,C) = 4.5 und 6.8 Hz), die für einen geringen s-Charakter der Rh-C-Bindungen sprechen. Allerdings ist dieser Effekt beim Chlorsilylen-Komplex **86** ausgeprägter als für den verwandten NHC-Komplex **85**, was evtl. auf eine höhere σ-Donorstärke des Chlorsilylenliganden zurückzuführen ist.

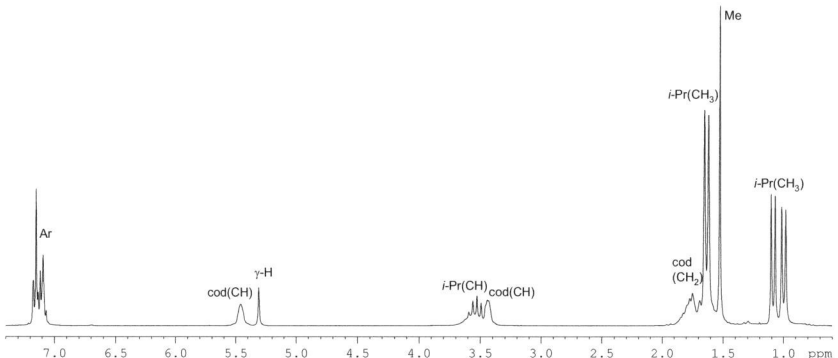

Abb. 3-27 ^{1}H-NMR-Spektrum (C$_6$D$_6$) des Chlorsilylen-Rhodiumkomplexes **86**.

Im ^{29}Si-NMR-Spektrum von **86** (Abb. 3-28) zeigt sich ein Dublett bei einer Verschiebung von δ = 1.03 ppm, das eine ^1J(Si,Rh)-Kopplung von 128 Hz aufweist. Im Vergleich zu den homoleptischen Silylen-Rhodiumkomplexen **82a** (δ = 95.6 ppm, ^1J(Rh,Si) = 82.5 Hz) und **82b** (δ = 134.5 ppm, ^1J(Rh,Si) = 76.6 Hz)[63] ist die Resonanz des Chlorsilylen-

Rhodiumkomplexes **86** deutlich zu höherem Feld verschoben, was die zusätzliche Koordination durch das Chloratom bewirkt. Die auftretende ^1J(Si,Rh)-Kopplung ist in **86** hingegen deutlich größer als in den kationischen Komplexen, was auf einen hohen σ-Bindungsanteil in der Si-Rh-Bindung zurückzuführen ist.

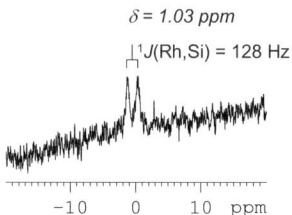

$\delta = 1.03$ ppm

^1J(Rh,Si) = 128 Hz

Abb. 3-28 ^{29}Si-NMR-Spektrum in C_6D_6 von Verbindung **86**.

Die Verbindung **86** konnte mittels EI-Massenspektrometrie bestätigt werden. Das charakteristische Isotopenmuster des Chlorsilylen-Rhodiumkomplexes **86** (m/z = 726, 4 %) stimmt mit dem simulierten Spektrum überein (Abb. 3-29). Des Weiteren konnte das Molekülfragment nach Verlust der Rh(Cl)cod-Gruppe (m/z = 481, 20 %) zugeordnet werden sowie der Molekülpeak des freien Liganden (LH, m/z = 418, 35 %).

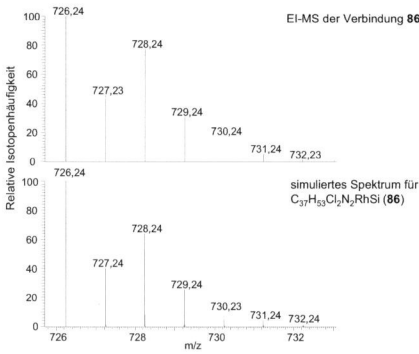

Abb. 3-29 Isotopenverteilung des Rhodiumkomplexes **86** im EI-Massenspektrum.

Aus einer gesättigten *n*-Hexanlösung konnten bei −30 °C geeignete Einkristalle für eine Röntgenstrukturanalyse der Verbindung **86** erhalten werden (Abb. 3-30). Der Chlorsilylen-Rhodiumkomplex **86** kristallisiert in der monoklinen Raumgruppe $P2_1/c$ mit vier Molekülen in einer Elementarzelle. Das Siliciumatom liegt verzerrt tetraedrisch koordiniert vor und befindet sich 66.9 pm oberhalb der annährend co-planaren C_3N_2-Ligandenebene. Die SiN_2-Ebene ist einem Winkel von 32.7° von der Ligandenhauptebene abgewinkelt. Die Betrachtung des Ligandenrückgrats bestätigt die Protonierung der Methylengruppe durch die Addition von HCl, so dass C1-C2- und C4-C5-Bindungslängen von 149.4 und 151.0 pm auftreten. Die Bindungsabstände zwischen dem Siliciumatom und beiden Stickstoffatomen unterscheiden sich um 5.3 pm, was auf eine weniger ausgeprägte Mesomerie im Vergleich zu den vorangegangenen Molekülstrukturen, die auf dem β-Diketiminatosilylen **5** basieren, hinweist. Daraus lässt sich ableiten, dass es sich bei der Si1-N1-Bindung (179.8 pm) um eine kovalente Bindung handelt, wohingegen die Si1-N2-Bindung (185.1 pm) eher koordinativer Natur ist. Auch die C-C- (136.5, 140.5 pm) und C-N-Bindungen (133.0, 136.4 pm) des Ligandengerüsts unterscheiden sich ebenfalls signifikant. Das Chloratom befindet sich mit einem Abstand von 214.1 pm in der axialen Position am Siliciumatom. Diese Anordnung der Substituenten in **86** stimmt mit der des Chlorsilylen-Ni(CO)₃-Komplexes **57** (214.3 pm) überein.

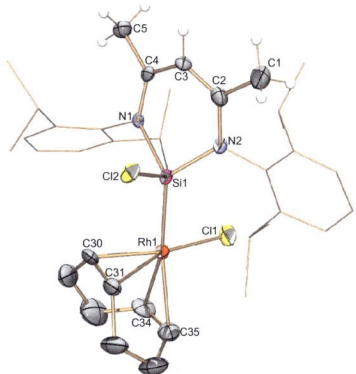

Abb. 3-30 Molekülstruktur von **86**. Die Wasserstoffatome (mit Ausnahme derer, die sich an C1, C3 und C5 befinden) sind aus Gründen der Übersichtlichkeit nicht abgebildet. Die thermischen Schwingungsellipsoide repräsentieren 50 % der Aufenthaltswahrscheinlichkeit

Tab. 3-10 Ausgewählte Abstände [pm] und Winkel [°] für die Verbindung **86** (d = Abstand, α = Faltungswinkel zwischen der C_3N_2-Liganden- und der SiN_2-Ebene, β = Torsionswinkel Cl2-Si1-Rh1-Cl1)

Abstände	[pm]	Winkel	[°]
Si1-Rh1	229.5(1)	N1-Si1-N2	96.0(1)
Rh1-Cl1	235.0(1)	Rh1-Si-Cl2	115.60(5)
Si1-N1	179.8(3)	N1-Si1-Rh1	123.6(1)
Si1-N2	185.1(3)	N2-Si1-Rh1	120.8(1)
Si1-Cl1	214.1(1)	Si1-Rh1-Cl1	92.26(4)
C1-C2	149.4(4)	Si1-Rh1-(C30=C31)	92.80
C2-C3	140.5(4)	Cl1-Rh1-(C34=C35)	88.34
C3-C4	136.5(5)	(C30=C31)-Rh1-(C34=C35)	85.76
C4-C5	151.0(5)	N1-Si1-Cl1	99.4(1)
N1-C4	136.3(4)	N2-Si1-Cl2	95.7(1)
N2-C2	133.0(4)		
d(Si1-C_3N_2-Ebene)	66.9	α	32.7
d(Rh1-C_3N_2-Ebene)	49.7	β	153.7

In äquatorialer Position am Siliciumatom befindet sich das annährend quadratisch-planare Rhodiumatom in einem Abstand von 229.5 pm. Somit ist die Si-Rh-Bindungslänge in **86** mit denen in den homoleptischen NHSi-Rh-Komplexen **82a** und **82b** (229 und 232 pm; Abb. 3-25) von Pfaltz et al. vergleichbar.[63] Verglichen mit anderen Silyl-Rhodiumkomplexen ist die Si-Rh-Bindung (232 bis 238 pm)[129] etwas kürzer. Die Winkel der Liganden um das Rh(I)-Zentrum variieren um 90° und entsprechend somit einer quadratisch-planaren Anordnung der Liganden um das Rh-Atom. Der kleinste Winkel (85.8°) befindet sich innerhalb des cod-Liganden (C30=C31 und C34=C35) und der größte Winkel von 92.8° befindet sich zwischen Si-Atom und der C30=C31-Doppelbindung. Für die Abstandsbestimmung des Mittelpunktes der C=C-Doppelbindungen im cod-Liganden wurden, mit Hilfe des Computerprogramms Mercury 3.1, Centroide ermittelt. Wie auch schon aus der Tieffeldverschiebung der Resonanzen der CH-Gruppen in *trans*-Stellung zum Chlorsilylenliganden im ^{13}C-NMR-Spektrum von **86** zu beobachten war, ist auch die C34-C35-Bindunglänge (134.6 pm) kürzer als die der C30=C31-Bindung (138.0 pm). Auch der Vergleich der C34=C35-Bindungslänge, mit dem im verwandten NHC-Rhodiumkomplex **85** (136.7 pm) weist auf einen stärkeren σ-Donorcharakter des Chlorsilylenliganden gegenüber dem NHC hin, ebenso wie die längeren Rh-C34- und Rh-C35-Bindungen (227.0 und 227.3 pm) in **86**. Die beiden Chloratome Cl1 und Cl2 befinden sich in einer Transkonformation mit einem Torsionswinkel von 153°.

Tab. 3-11 Vergleich ausgewählter Abstände [pm] des Chlorsilylen-Rh-Komplexes **86** mit dem verwandten NHC-Rh-Komplex **85**.

Abstände	86	85
Rh1-C30	211.4(4)	211.4(2)
Rh1-C31	213.3(4)	209.5(2)
Rh1-C34	227.3(4)	220.5(2)
Rh1-C35	227.0(4)	217.5(2)
Rh1-Cl1	235.0(1)	237.67(6)
C30-C31	138.0(5)	139.7(3)
C34-C35	134.6(5)	136.7(3)
Rh1-(C30=C31)	200.8	198.5
Rh1-(C34=C35)	216.9	208.1

3.3.2 Synthese des LSi(Cl)-Ir(Cl)cod 87

Basierend auf der erfolgreichen Synthese des Chlorsilylen-Rhodiumkomplexes **86** wurde die analoge Synthese für den Chlorsilylen-Iridiumkomplex **87** durchgeführt. Dafür wurde bei tiefen Temperaturen (−40 °C) zu einer Lösung des NHSis **5** und dem Chlor-verbrückten Iridium-Dimerkomplex **84b** in THF eine HCl-Et$_2$O-Lösung getropft. Auch der [Ir(Cl)cod]$_2$-Komplex **84b** geht mit dem freien Silylen **5** zunächst bei milden Bedingungen keine Reaktion ein. Erst nach der 1,4-Addition von HCl und der Reaktion zum Zwischenprodukt **41** findet anschließend die Koordination des Siliciumzentrums an das Ir-Atom statt. Diese Koordination verläuft im Vergleich zur zuvor beschriebenen Synthese des Rh-Komplexes **86** schneller ab, so dass die Entstehung des 1,1-HCl-Additionsproduktes **42** als unerwünschtes Nebenprodukt unterbunden werden kann. Um unlösliche Nebenprodukte zu beseitigen, wird die Reaktionslösung filtriert und anschließend die flüchtigen Bestandteile im Vakuum entfernt. Ohne weitere Aufarbeitungsmaßnahmen kann der Rückstand in *n*-Hexan aufgenommen und bei −30 °C umkristallisiert werden. Das Produkt **87** kann in 64 % Ausbeute in Form roter Kristalle isoliert werden.

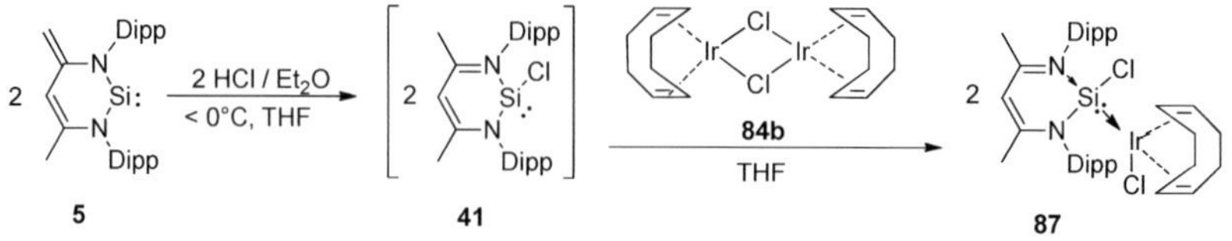

Schema 3-38 Synthese des Chlorsilylen-Iridiumkomplexes **87**.

Das ^{1}H-NMR-Spektrum der Verbindung **87** (Abb. 3-31) bestätigt die erfolgreiche 1,4-Addition von HCl an NHSi **5** und die damit verbundene Protonierung des Ligandenrückgrats. Für die entstandenen Methylgruppen wird ein Singulett bei δ = 1.57 ppm beobachtet. Die Signale für die CH$_2$-Protonen des cod-Liganden sind den breiten Multipletts zwischen δ = 1.30 und 1.75 ppm zuzuordnen und die breite Resonanzen bei δ = 3.21 und 5.04 ppm können den CH-Protonen des cod-Liganden zugeordnet werden. Das charakteristische Signal für das γ-H-Atom im Ligandenrückgrat ist bei δ = 5.37 ppm zu finden, das dazugehörige γ-C-Signal im ^{13}C-NMR-Spektrum von **87** wird bei δ = 106.5 ppm „sichtbar". Beide Resonanzen sind somit im Vergleich zu den entsprechenden Signalen der analogen Rhodiumverbindung **86** nur minimal tieffeldverschoben. Für die CH$_2$-Gruppen des cod-Liganden sind im ^{13}C-NMR-Spektrum zwei Signale bei δ = 28.8 und 35.1 ppm zu identifizieren. Für die CH-Gruppen des cod-Liganden zeigen sich Resonanzen bei δ = 50.1 und 101.3 ppm. Auch hier zeigt sich wieder eine deutliche Tieffeldverschiebung der Resonanz für die CH-Gruppen in *trans*-Stellung zum Chlorsilylenliganden. Im ^{29}Si-NMR-Spektrum des Chlorsilylen-Iridiumkomplexes **87** ist eine Resonanz bei δ = 0.8 ppm zu beobachten. Diese ist mit der ^{29}Si-Verschiebung von **86** (δ = −1.3 ppm) vergleichbar.

Die Zusammensetzung der Verbindung **87** wurde mit Hilfe der EI-Massenspektrometrie bestätigt. Der Molekülionenpeak (M$^+$; m/z = 816, 48 %) lässt sich neben dem Fragment nach Verlust von Ir(Cl)cod (m/z = 481, 33 %) nachweisen.

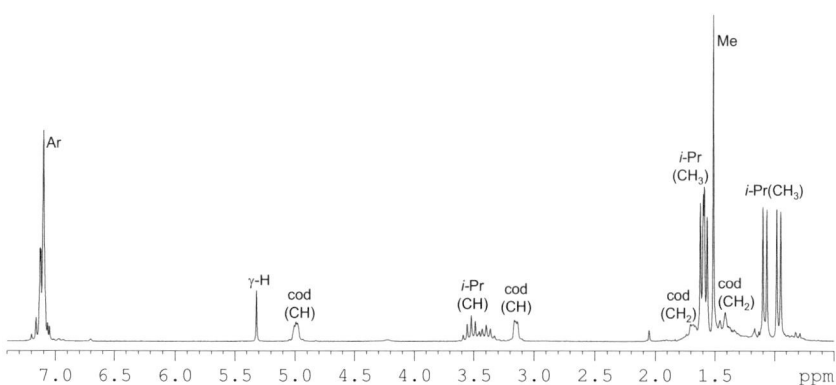

Abb. 3-31 ^{1}H-NMR-Spektrum (C_6D_6) des Chlorsilylen-Iridiumkomplexes **87**.

Die beiden Chlorsilylen-Verbindungen **86** und **87** zeigen sehr große Ähnlichkeiten. Auch vom Iridiumkomplex **87** konnten geeignete Einkristalle für eine Röntgenstrukturanalyse bei −30 °C aus einer konzentrierten n-Hexanlösung erhalten werden (Abb. 3-32). Die Verbindung **87** kristallisiert ebenfalls in der monoklinen Raumgruppe $P2_1/c$ mit vier Molekülen in einer Elementarzelle. Der Ligand spannt eine annährend co-planare C_3N_2-Ebene auf, die mit der SiN_2-Ebene einen Winkel von 32.7° bildet; somit ragt das tetraedrisch koordinierte Si-Atom um 66.8 pm aus der Hauptligandenebene heraus. Die C1-C2- und C4-C5-Bindungsabstände von 149.4 und 151.0 pm in der Molekülstruktur von **87** bestätigen ebenfalls die erfolgreiche Protonierung des Ligandenrückgrats. Die Si-N-Bindungslängen (180.1 und 184.6 pm) unterscheiden sich in dieser Struktur um 4.5 pm, allerdings nicht so stark wie in **86**. In axialer Position am Siliciumzentrum befindet sich das Chloratom in einem Abstand von 212.8 pm. Die Si-Cl-Bindung ist somit etwas kürzer als die entsprechende Bindung in den zuvor beschriebenen Chlorsilylen-Nickel- und -Rhodiumverbindungen **57** (214.3 pm) und **86** (214.1 pm). In der äquatorialen Position des Siliciumatoms befindet sich das Ir-Atom in einem Abstand von 231.6 pm, welcher im typischen Bereich von Silyl-Iridiumkomplexen[130] liegt. Die Si-Ir-Bindungslänge in **87** ist somit nur wenig kürzer als die im Si(II)hydrid-Iridium(V)-Komplex **30a** (232.9 pm), aber deutlich länger als im Si(II)hydrid-Iridium(III)-Komplex **30b** (223.3 pm; Schema 1-12).[67] Die Winkel der Liganden um das Ir-Atom liegen zwischen 85.5° und 93.3°. Somit ist das Iridiumatom analog zum Rhodiumatom in **86** quadratisch-planar umgeben. Der Torsionswinkel von 152° zwischen beiden Chloratomen Cl1 und Cl2 bestätigt eine *trans*-Konformation.

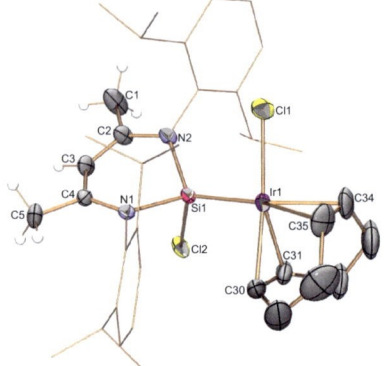

Abb. 3-32 Molekülstruktur von **87**. Die Wasserstoffatome (mit Ausnahme derer, die sich an C1, C3 und C5 befinden) sind aus Gründen der Übersichtlichkeit nicht abgebildet. Die thermischen Schwingungsellipsoide repräsentieren 50 % der Aufenthaltswahrscheinlichkeit.

Tab. 3-12 Ausgewählte Abstände [pm] und Winkel [°] für die Verbindung **87** (d = Abstand, α = Faltungswinkel zwischen der C_3N_2-Liganden- und der SiN_2-Ebene, β = Torsionswinkel Cl2-Si1-Rh1-Cl1).

Abstände	[pm]	Winkel	[°]
Si1-Ir1	231.64(8)	N1-Si1-N2	96.23(11)
Ir1-Cl1	234.28(8)	Ir1-Si-Cl2	115.78(4)
Si1-N1	180.1(2)	N1-Si1-Ir1	123.38(8)
Si1-N2	184.6(2)	N2-Si1-Ir1	120.34(8)
Si1-Cl1	212.8(1)	Si1-Ir1-Cl1	93.31(3)
C1-C2	149.4(4)	Si1-Ir1-(C30=C31)	93.13
C2-C3	140.5(4)	Cl1-Ir1-(C34=C35)	88.15
C3-C4	136.5(5)	(C30=C31)-Ir1-(C34=C35)	85.46
C4-C5	151.0(5)	N2-Si1-Cl1	99.20(8)
N1-C2	133.2(4)	N1-Si1-Cl1	99.57(8)
N2-C2	136.6(4)		
d(Si1-C_3N_2-Ebene)	66.8	α	32.65
d(Ir1-C_3N_2-Ebene)	46.6	β	152.13

3.3.3   Katalytische Aktivität der NHSi-Komplexe 86 und 87

Um den Einfluss der verschiedenen Metallzentren im Zusammenspiel mit dem Chlorsilylenliganden zu ergründen, wird im folgenden Abschnitt die katalytische Aktivität der beiden neuen Chlorsilylen-Rhodium- und Iridiumkomplexe **86** und **87** getestet.

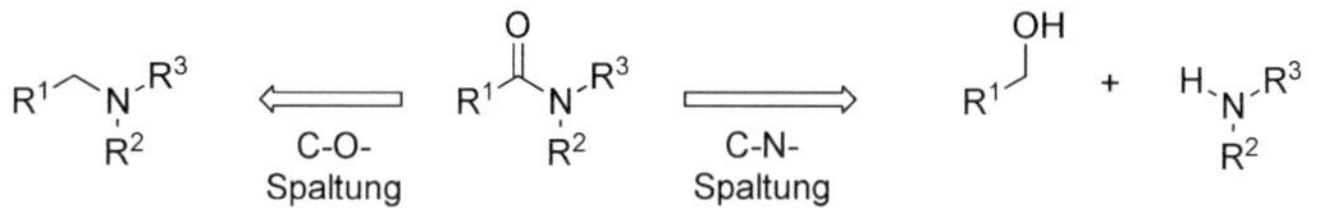

Abb. 3-33 Mögliche Reduktion von Amiden durch CO- oder CN-Spaltung

Die katalytische Reduktion von Amiden bietet sowohl die Möglichkeit der Reduktion der C-O- als auch der C-N-Bindung (Abb. 3-33).Eine vielseitige und effiziente Strategie für die Reduktion von Carboxamiden ist der stöchiometrische Einsatz von Metallhydriden (wie $NaBH_4$, $LiAlH_4$, Bu_3SnH).[131] Auch die Kombination aus Übergangsmetallkomplexen und Hydrosilanen als Reduktionsmittel hat sich in den letzten Jahren etabliert und liefert in den meisten Fällen chemoselektiv die Reduktion der C-O-Bindung.[132] Bereits im Jahr 1998 untersuchten Ito *et al.*[133] die katalytische Aktivität einer Reihe von Rhodiumkomplexen mit Hydrosilanen als Reduktionsmittel. Dabei legten sie besonderen Wert auf die Reduktion tertiärer Amide mit funktionellen Gruppen, wie beispielsweise Estern oder Epoxiden, die von konventionellen Reduktionsmitteln wie $LiAlH_4$ nicht „toleriert" werden. Dabei stellten die Autoren fest, dass Monohydrosilane nicht zur Reduktion tertiärer Amide geeignet sind. Während die Reduktion der C-O-Bindung in Amiden weitgehend etabliert ist, gibt es nur wenige Beispiele für die erfolgreiche Reduktion der C-N-Bindung von Amiden zu Aminen und Alkoholen. Doch beide Produktklassen werden in der chemischen, pharmazeutischen Industrie und Landwirtschaft benötigt. Die erste direkte Hydrierung von Amiden zu Aminen und Alkohol gelang Milstein *et al.* mit dem Ru-Pincerkomplex **88** in einer H_2-Atmosphäre unter hohem Druck (Schema 3-39).[134] Über die reduktive Spaltung der C-N-Bindung in tertiären Amiden durch einen bimetallischen Molybdänkomplex mit Hydrosilanen als Reduktionsmittel berichteten Enthaler und Mitarbeiter.[135] Die Autoren stellten fest, dass sich die Anzahl der Phenylgruppen am Silan auf die Chemoselektivität der Bindungsspaltung auswirkt. So wird bei der Erhöhung der Anzahl von Phenylsubstituenten am Silan eine vermehrte Reduktion der C-N- gegenüber der C-O-Bindung beobachtet.

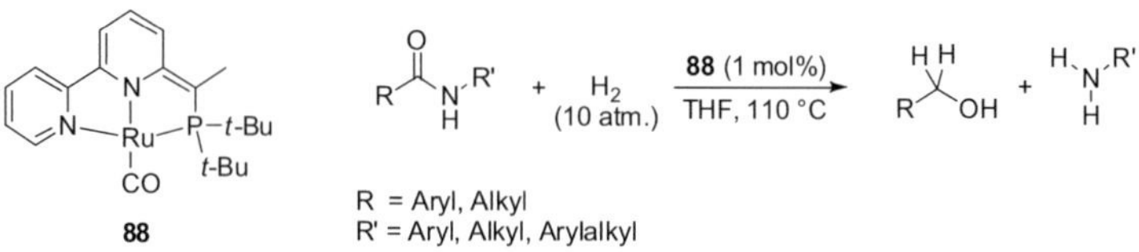

Schema 3-39 Direkte Hydrierung von Amiden zu Aminen und Alkoholen mit Ru-Pincerkomplex **88**.

Brookhart *et al.* berichteten von der Iridium-katalysierten Reduktion sekundärer Amide mit Diethylsilan als Reduktionsmittel. In Screening-Versuchen (Tab. 3-13) auf der Suche nach einem geeigneten Katalysator zeigten die Ir-Komplexe [Ir(Cl)cod]$_2$ **84b** (1 mol%, 99 % Umsatz, 12 h) und [Ir(Cl)(coe)$_2$]$_2$ (0.5 mol%, 98 % Umsatz, 12 h) bei Raumtemperatur eine deutlich höhere Reaktivität als der verwandte Komplex [Rh(Cl)(coe)$_2$]$_2$ (1.0 mol%, 33 % Umsatz, 9 h).[136]

Tab. 3-13 Screening-Versuche: Reduktion von N-Methylbenzamid mit verschiedenen Katalysatoren und Diethylsilan als Reduktionsmittel.[136]

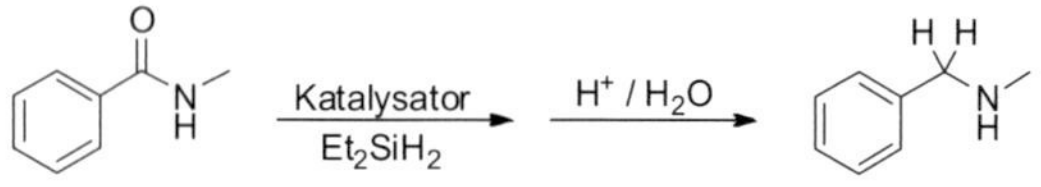

Katalysator (mol%)	Zeit (h)	Umsatz (%)
[Ir(coe)$_2$Cl]$_2$ (0.5)	12	98
[Ir(cod)Cl]$_2$ (1)	12	99
[Rh(coe)$_2$Cl]$_2$ (0.5)	9	33

Aufgrund dieser Erkenntnisse wurde die Aktivität der Vorläuferkomplexe [Rh(Cl)cod]$_2$ **84a** und [Ir(Cl)cod]$_2$ **84b**, die für die Synthese der Chlorsilylen-Komplexe **86** und **87** genutzt wurden, unter den gleichen katalytischen Bedingungen getestet. Dies schafft zum einen die Möglichkeit, einen Vergleich zu Benchmarksystemen herzustellen und zum anderen gleichzeitig den Einfluss des Chlorsilylenliganden abzuschätzen. Es wurde beschlossen, das Acetyl-geschützte Dibenzoazepin-Derivat **89** für die katalytischen Untersuchungen der neuen Chlorsilylen-Rh- und Ir-Komplexe **86** und **87** zu nutzen (Schema 3-40). Vorab wurden Screening-Experimente mit verschiedenen Katalysatorladungen des Rh-Komplexes **86** durchgeführt, um Bedingungen zu ermitteln, die es ermöglichen, die Reduktion des

Dibenzoazepin-Derivates **89** mit verschiedenen Komplexen als Präkatalysatoren zu beobachten und zu vergleichen. Dafür wurde zunächst der Rh-Komplex **86** (mit 10, 5, 2.5, 1 und 0.5 mol% als Katalysatorladung) in Toluol vorgelegt und Dibenzoazepin-Derivat **89** aus einer Stammlösung, sowie 2.5 Äquivalente des Phenylsilans rasch bei Raumtemperatur hinzugegeben. Der Fortschritt der Reaktion und somit die Umsetzung des Dibenzoazepin-Derivates **89** zu beiden möglichen Produkten, dem *N*-Ethyl-Dibenzoazepin **90a** (nach Reduktion der C-O-Bindung) und dem Dibenzoazepin **90b** (nach Spaltung der C-N-Bindung), wurde mittels GC-MS verfolgt. Um den Verlauf zu dokumentieren, wurde nach 1, 2, 4, 6 und 24 h ein Teil der Reaktionslösung entnommen und auf eine kleine Säule mit Kieselgel gegeben, um die anorganischen Spezies aus der Probe zu entfernen. Die organische Phase wurde mit Ethylacetat aus der Säule gewaschen und anschließend mit wässriger HCl-Lösung behandelt. Die wässrigen und organischen Phasen wurden voneinander getrennt und die organische Phase über MgSO$_4$ getrocknet. Die Anteile der Reduktionsprodukte **90a** und **90b**, sowie das verbliebene Startmaterial **89** wurden anhand von GC-MS-Messungen quantifiziert.

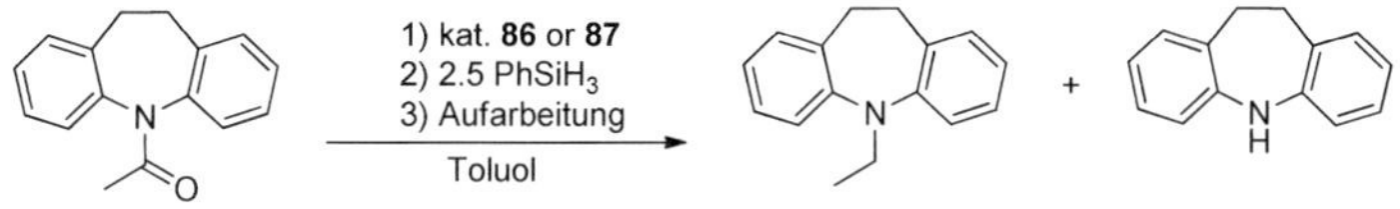

Schema 3-40 Reduktion des Amids **89** mit PhSiH$_3$ und den Komplexes **86** bzw. **87** als Präkatalysator.

Obwohl die reduktive Umsetzung des Dibenzoazepin-Derivates **89** sowohl zur Reduktion der C-O-Bindung, als auch zur Reduktion der C-N-Bindung führen kann (Schema 3-40), läuft bei der Umsetzung mit Chlorsilylen-Rhodiumkomplex **86** als Präkatalysator selektiv die C-O-Bindungsspaltung ab (wie es für den Einsatz von Übergangsmetallkomplexen mit Hydrosilanen üblich ist). Es kann lediglich das Alkyldibenzoazepin-Derivat **90a** neben dem Edukt **82** mittels GC-MS-Analyse nachgewiesen werden. Für die Reaktionsdurchführungen mit 10 mol% und 5 mol% Katalysatorladung konnte eine nahezu vollständige Umsetzung (>99 % bzw. 98 %) beobachtet werden (Abb. 3-34). Wird die Katalysatorladung auf 1 mol% bzw. 0.5 mol% gesenkt, kann nach 24 h lediglich ein Umsatz von 25 % bzw. 10 % beobachtet werde. Die Reaktionsdurchführung mit 2.5 mol% des Rh-Komplexes **86** zeigte nach 24 h eine Umsetzung von 61 %. Da sich bei dieser Katalysatorladung von 2.5 mol% die Umsetzung gut verfolgen lässt, wurde diese für folgende Katalysetests eingesetzt.

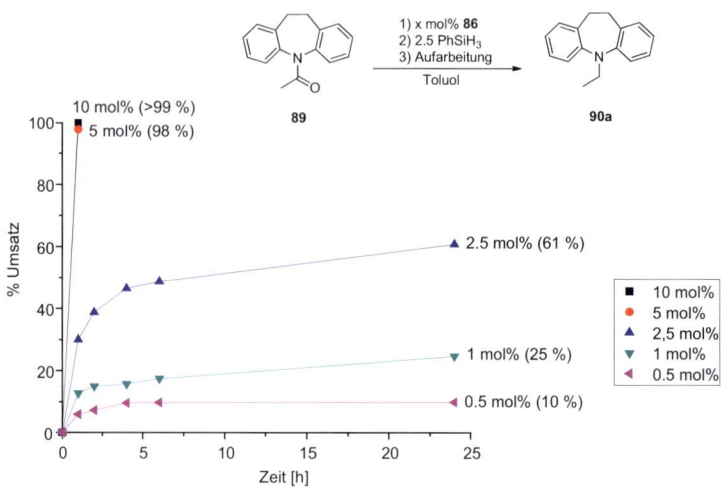

Abb. 3-34 Selektive C-O-Reduktion von **89** mit Rh-Komplex **86** als Präkatalysator.

In analoger Reaktionsdurchführung wurden 2.5 mol% des Chlorsilylen-Iridiumkomplexes **87** als Präkatalysator in Toluol vorgelegt und das Dibenzoazepin-Derivat **89** sowie 2.5 Äquivalente Phenylsilan rasch zugegeben und für 24 h gerührt. Um den Verlauf der Reduktion wiederum zu verfolgen, wurden nach 1, 2, 4, 6, und 24 h Proben entnommen und mittels GC-MS-Messung untersucht. Die Auswertungen der GC-MS-Messungen zeigen, dass neben dem zu erwartenden *N*-Ethyl-Dibenzoazepin **90a** auch ein kleiner Anteil des Dibenzoazepins **90b**, das durch C-N-Bindungsspaltung entsteht, nachzuweisen ist. Nach 24 h konnte ein Gesamtumsatz des Eduktes **89** von 87 % festgestellt werden, der aus 78 % von **90a** und 9 % von **90b** besteht (Abb. 3-35). Anders verhält sich der Vorläuferkomplex des Chlorsilylen-Iridiumkomplexes **87**, der [Ir(Cl)cod]$_2$-Komplex **84b**. Überraschenderweise verläuft die Reduktion mit [Ir(Cl)cod]$_2$-Komplex **84b** als Präkatalysator im Gegensatz zum Chlorsilylen-Ir-Komplex **87** selektiv und bildet nur das C-O-Reduktionsprodukt **90b**. Zusätzlich weist der [Ir(Cl)cod]$_2$-Dimerkomplex **84b** eine deutlich geringere katalytische Aktivität auf. Die Koordination des Chlorsilylenliganden hat somit nicht nur einen Effekt auf die Chemoselektivität des Komplexes, sondern erhöht ebenfalls dessen katalytische Aktivität.

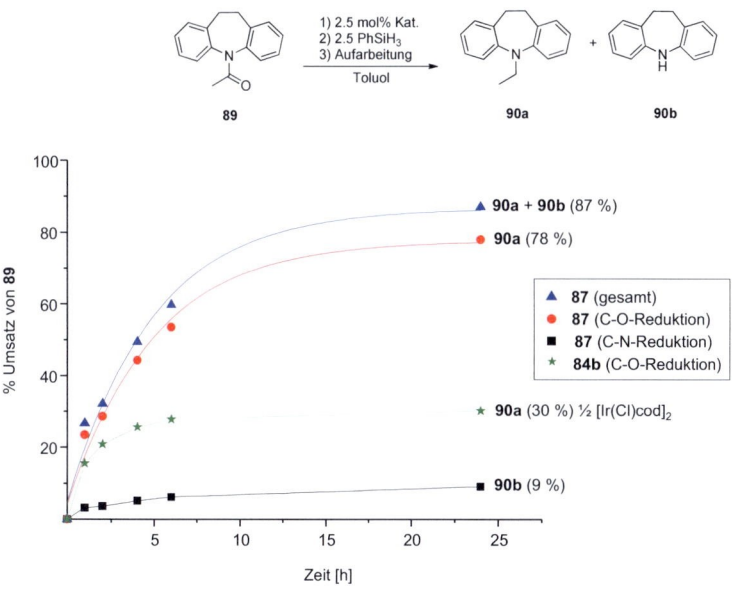

Abb. 3-35 Vergleich der katalytischen Aktivität von LSi(Cl)-Ir(Cl)cod **87** mit ½ [Ir(Cl)cod]₂ **84b**.

Vergleicht man hingegen die katalytische Aktivität des Chlorsilylen-Rhodiumkomplexes **86** mit der des Vorläuferkomplexes [Rh(Cl)cod]₂ **84a** verläuft die Reaktion (bezogen auf ein Rh-Atom) in den ersten Stunden zwar etwas schneller (1h: 39 % Umsatz) als mit dem Chlorsilylen-Rhodiumkomplex **86** (1h: 30 %) als Präkatalysator. Auf die Dauer des gesamten Versuches bezogen, ist hingegen nach 24 h ein höherer Umsatz für den Chlorsilylen-Komplex **86** (61 %) im Vergleich zum [Rh(Cl)cod]₂-Komplex **84a** (53 %) festzustellen (Abb. 3-36). Die katalytische Aktivitäten der beiden Komplexe **84a** und **86** sind insgesamt aber vergleichbar und die Chemoselektivität der Reduktion des Dibenzoazepin-Derivates **89** ändert sich durch den Chlorsilylenliganden nicht. Somit ist der Chlorsilylen-Komplex **86** der erste NHSi-Rhodiumkomplex, der katalytische Aktivität aufweist.

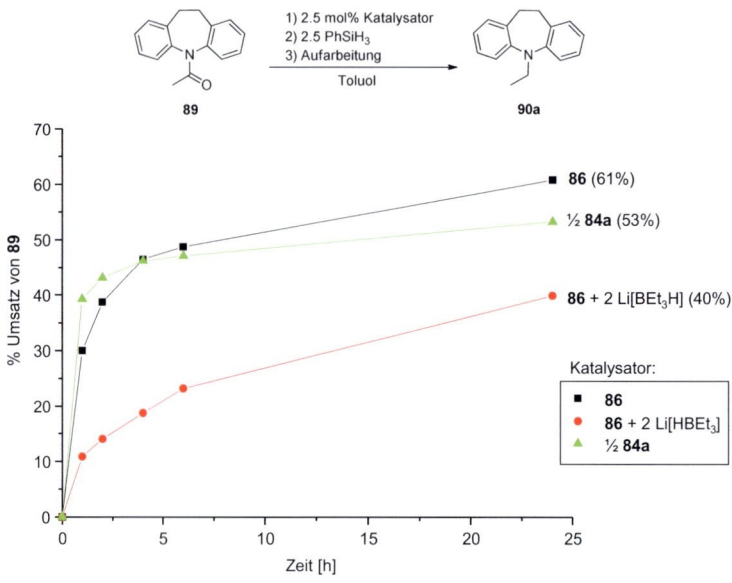

Abb. 3-36 Umsetzung von **89** zu **90a** mit Chlorsilylen-Rh-Komplex **86** bzw. ½ [Rh(Cl)cod]₂ **84a** als Präkatalysator.

Die Mechanismen für diesen Typ von Reduktionen mit einem Übergangsmetallkomplex als Katalysator wurden bereits von einigen Autoren diskutiert. [133,136] Als entscheidenden Schritt wird meistens die Erzeugung eines Übergangsmetallkomplex-Hydrides aus dem Präkatalysator genannt. Versuche, die reaktive Spezies aus dem Chlorsilylen-Rhodiumkomplex **86** und Phenylsilan zu generieren und zu isolieren, lieferte allerdings eine Reihe von Produkten, die nicht isoliert und identifiziert werden konnten.

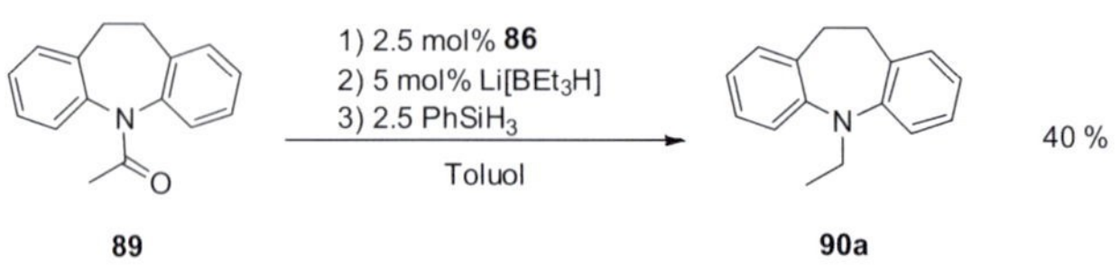

Schema 3-41 Reduktion von **89** zu **90a** mit den Rh-Komplexes **86** und Zusatz von Li[BEt₃H]

Um die Bildung eines Rh-Hydrids zu erleichtern, wurden die Katalyseversuche unter den gleichen Bedingungen (2.5 mol% **86**, 2.5 Äq. PhSiH$_3$, RT) wiederholt und zusätzlich 5 mol% des Superhydrides Li[HBEt$_3$] zugesetzt (Schema 3-41) und der daraus resultierende Effekt auf die katalytische Aktivität mittels GC-MS beobachtet. Die Auswertung der GC-MS-Messungen ergab eine Abnahme der katalytischen Aktivität und zeigte, dass die Zugabe von Superhydrid die Leistung des Katalysators verringert (Abb. 3-36). Um diese Hemmung der Katalysatorwirkung zu erklären, wurde ein weiterer Versuch unternommen, das Hydridanalogon des Chlorsilylen-Komplexe **86** und **87** mit Hilfe von Li[HBEt$_3$] zu erzeugen. Dies wird im folgenden Abschnitt näher beschrieben.

3.3.4   Reaktionen von 86 und 87 mit Li[HBEt$_3$]

Für die Durchführung der Reaktion des Chlorsilylen-Rhodiumkomplexes **86** mit zwei Äquivalenten Superhydrid Li[HBEt$_3$] wird eine Toluollösung des Komplexes **86** bei −40 °C mit zwei Äquivalenten Li[HBEt$_3$]-THF-Lösung versetzt und langsam erwärmt. Durch einen bei Raumtemperatur stattfindenden doppelten Hydrid-Chlorid-Austausch, wird vermutlich zunächst die labile Verbindung **91** erzeugt, die sowohl eine Si-H- als auch eine Rh-H-Bindung aufweist (Schema 3-42). Bei geringeren Temperaturen konnte keine Reaktion beobachtet werden. An den Hydrid-Chlorid-Austausch schließt sich direkt eine Protonenwanderung und eine unkontrollierbare Weiterreaktion zu nicht zu identifizierenden Produkten an (Schema 3-42).

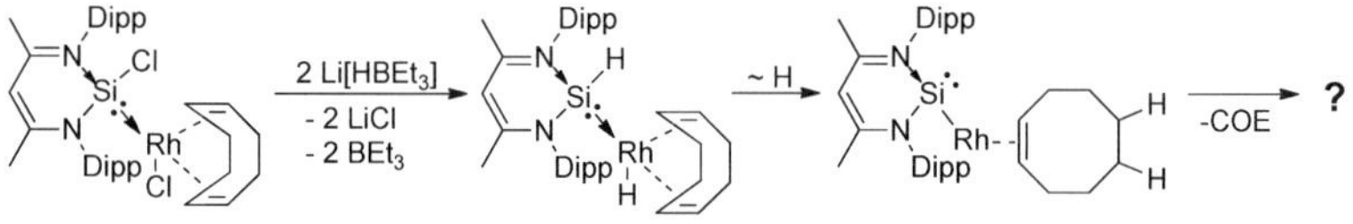

Schema 3-42 Umsetzung des Rh-Komplexes **86** mit zwei Äquivalenten Li[HBEt$_3$].

Das ^{1}H-NMR-Spektrum der Reaktionslösung (Abb. 3-37) nach der Umsetzung von **86** mit zwei Äquivalenten Li[HBEt$_3$] zeigt ein Dublett bei δ = −6.94 ppm, das auf ein Rh-H-Atom schließen lässt, mit einer ^1J(Rh,H)-Kopplung von 20.4 Hz. Auch bei einer Verschiebung von δ = 6.29 ppm wird ein Dublett aufgrund einer ^2J(Rh,H)-Kopplung von 8.2 Hz sichtbar, das auf eine Si-H-Gruppe hinweist.

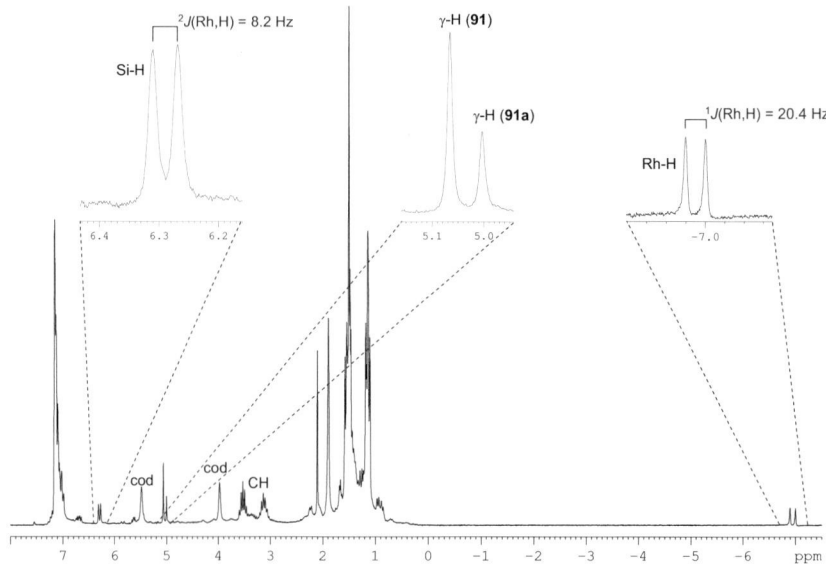

Abb. 3-37 ^{1}H-NMR-Spektrum (C$_6$D$_6$) der Reaktionslösung nach der Umsetzung von **86** mit zwei Äq. Li[HBEt$_3$].

Anhand des γ-H-Atoms des Ligandenrückgrats bei δ = 5.1 ppm kann eine Weiterreaktion des Intermediates **91** beobachtet werden. Zusätzlich wird ein weiteres kleineres Singulett bei δ = 5.0 ppm sichtbar, das im Verlauf der Reaktion an Intensität zunimmt, während das Singulett bei δ = 5.1 ppm (von **91**) im gleichen Maße verschwindet. Des Weiteren wird die Intensität der oben beschriebenen Dubletts der Si-H- und Rh-H-Atome geringer, sowie die der breiten Signale bei δ = 2.23, 3.98 und 5.48 ppm, die den CH- und CH$_2$-Gruppen des cod-Liganden zugeordnet wurden. Daraus lässt sich schlussfolgern, dass die auftretende Labilität des Komplexes **91** aus einer intramolekularen Hydrierung einer der C=C-Doppelbindungen des cod-Liganden durch die Wasserstoffatome an den Silicium- und Rhodiumatomen resultieren könnte. Durch die Protonenwanderung erfolgt vermutlich die Bildung des reaktiven Intermediates **91a**. Bestärkt wird diese Annahme durch einen neuen Signalsatz im ^{1}H-NMR-Spektrum der Reaktionslösung (im abgeschmolzenen NMR-Rohr), der den chemischen

Verschiebungen von freiem Cyclooeten entspricht und im Verlauf der ablaufenden Weiterreaktion größer wird. Die Untersuchung der Reaktionslösung mit Hilfe von GC-MS bestätigt die Bildung von Cyclooeten während des weiteren Zerfallsprozesses der labilen Verbindung **91a**. Der Zerfallsprozess (Schema 3-43) verläuft unselektiv und so entsteht eine Vielzahl an Produkten, die sich weder isolieren noch identifizieren ließen. Um einen Teil der Zerfallsprodukte zu isolieren, wurde alle flüchtigen Bestandteile der Reaktionsmischung entfernt und der Rückstand mit einer *n*-Hexanlösung extrahiert. Aus dieser konzentrierten *n*-Hexanlösung konnten wenige Kristalle gewonnen werden, die sich für eine Einkristall-Röntgenstrukturanalyse eigneten.

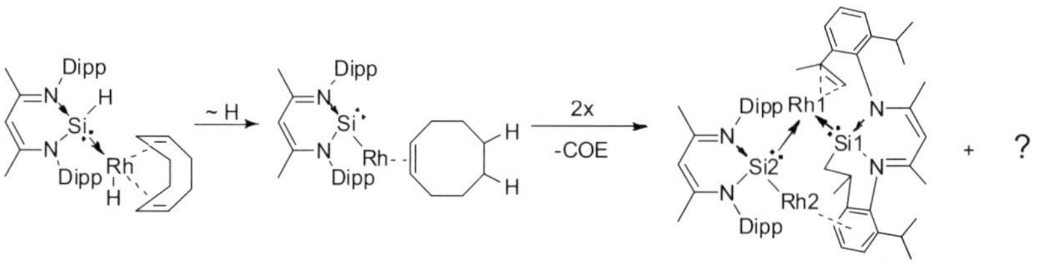

91   **91a**   **92**

Schema 3-43 Möglicher Zerfallsprozess des Rhodiumhydrid-Komplexes **91** über **91a** zum dinuklearen Rh-Komplex **92**.

Die isolierte Verbindung **92** kristallisiert in der triklinen Raumgruppe *P*-1 mit zwei Molekülen in einer Elementarzelle. Die Molekülstruktur des Zerfallsproduktes **92** bestätigt, dass der cod-Ligand nicht mehr an das Rh-Atom koordiniert, die Rh-Si-Bindung hingegen weiterhin intakt ist und eine Reaktion zu einem dinuklearen Rh-Komplex stattgefunden hat. Die entstehenden, freien Koordinationsstellen an den Rhodiumatomen werden durch die Dipp-Substituenten eines weiteren Moleküls abgesättigt (Abb. 3-38). Betrachtet man den ersten Teil der Molekülstruktur des Komplexes **92** stellt man fest, dass die Rh2-Si2-Bindungslänge mit 217.8 pm im Vergleich zur Ausgangsverbindung **86** (229.5 pm) und anderen bekannten Silylen-Rhodiumkomplexen[63,129] (229-238 pm) deutlich verkürzt ist. Im Gegensatz dazu ist der Abstand zwischen Rh1 und Si2 (238.2 pm) signifikant größer. Das Si2-Atom ist verzerrt tetraedrisch umgeben und befindet sich um 62.6 pm außerhalb der C_3N_2-Ligandenebene. In der äquatorialen Position koordiniert das Si2-Atom an das Rh2-Atom, das wiederum durch einen η^6-gebundenen Arylring stabilisiert wird, der vom Dipp-Substituenten eines zweiten Moleküls stammt. Die Rh2-C_{Aryl}-Bindungslängen liegen zwischen 224.7 und 234.0 pm und der Abstand zum Arylring beträgt 181.2 pm. Diese Werte liegen damit im typischen Bereich für diese Art von η^6-Koordination von Arylringen an Rh-Zentren.[137] Die Beobachtungen, das benachbarte Dipp-Substituenten zur Stabilisierung der Koordinationssphäre eines Übergangsmetalls genutzt werden, machten auch Jones und seine Mitarbeiter, deren Mn-Komplex **93** nach einer Reduktion ebenfalls durch den Arylring des benachbarten Dipp- Substituenten stabilisiert wurde (Schema 3-44).[138]

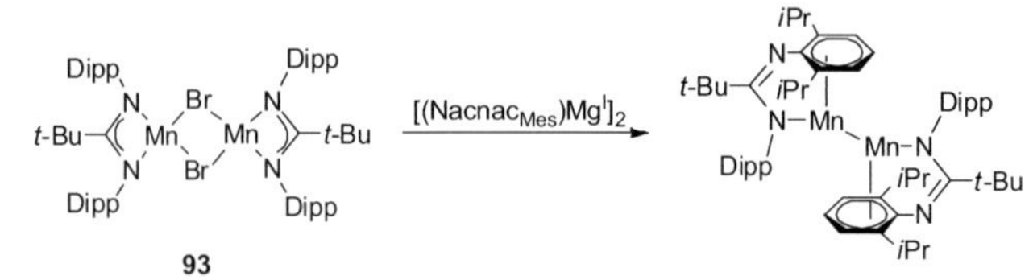

Schema 3-44 Stabilisierung des Mn-Komplexes **93** durch benachbarte Dipp-Substituenten nach Reduktion.

Die Si1N$_2$-Ebene im zweiten Teil des Dimers ist im Vergleich zum ersten Teil des Moleküls (α(Si2N$_2$-C$_3$N$_2$) = 28.2°) nicht abgewinkelt und annähernd co-planar. Das Si1-Atom ist ebenfalls verzerrt tetraedrisch koordiniert und dessen Abstand zum C27-Atom, das vom N2-gebundenen Dipp-Substituenten stammt, beträgt 191.8 pm. Diese Si1-C27-Bindung ist nur geringfügig kürzer als die Si-C-Bindung im Hydrosilylierungsprodukt **69** (193.9 pm; aus Abschnitt 3.2.3) und somit ebenfalls länger als eine typische Si-C-Einfachbindung (188 pm).[85] Zusätzlich koordiniert das Si1-Atom mit einer Bindungslänge von 226.1 pm an das Rh1-Atom, somit ist diese Distanz etwas länger als die Rh2-Si2-Bindungslänge (217.8 pm) und nähert sich dem Si-Rh-Abständen anderer Silylen-Rhodiumkomplexen (229-238 pm)[63,129] an. Der Winkel am Si1-Rh1-Si2-Atom beträgt 111.1°. Ferner scheint, in Folge einer C-H-Aktivierung einer Methylgruppe des Dipp-Substituenten an N1, die daraus entstehende C12=C13-Doppelbindung überraschenderweise an das Rh1-Atom zu koordinieren. Die C12=C13-Bindungslänge von 143.4 pm liegt zwischen der einer C-C-Einfach- und Doppelbindung und in dem typischen Bereich einer koordinierten C=C-Doppelbindung.[137] Die beiden C$_3$N$_2$-Ligandenebenen bilden in einen Winkel β von 77.9°. Leider war es nicht möglich ein aussagekräftiges NMR-Spektrum oder weitere analytische Daten der Verbindung **92** zu bekommen, um die Molekülstruktur zu bestätigen.

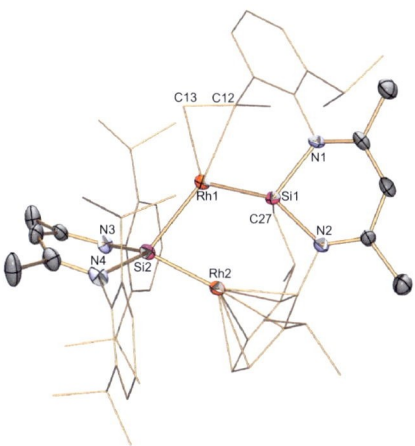

Abb. 3-38 Molekülstruktur von **92**. Die Wasserstoffatome sind aus Gründen der Übersichtlichkeit nicht abgebildet. Die thermischen Schwingungsellipsoide repräsentieren 50 % der Aufenthaltswahrscheinlichkeit.

Tab. 3-14 Ausgewählte Abstände [pm] und Winkel [°] für die Verbindung **92** (d = Abstand, α = Faltungswinkel zwischen der C_3N_2-Liganden- und der $Si2N_2$-Ebene, β = Winkel zwischen den beiden C_3N_2-Ebenen)

Abstände	[pm]	Winkel	[°]
Rh1-Si1	226.1(2)	Rh1-Si2-Rh2	76.07(6)
Rh1-Si2	238.2(2)	Si1-Rh1-Si2	111.09(7)
Rh2-Si2	217.8(2)	N1-Si1-N2	91.7(3)
Rh1-Rh2	281.4(9)	N3-Si2-N4	92.8(3)
Si1-N1	184.7(6)	N1-Si1-C27	100.0(3)
Si1-N2	189.8(6)	N2-Si1-C27	96.7(3)
Si1-C27	191.8(6)	Rh1-Si1-C27	120.3(2)
Si2-N3	186.5(6)	N1-Si1-Rh1	114.0(2)
Si2-N4	189.0(6)	N2-Si1-Rh1	127.7(2)
C12=C13	143.4(1)	N3-Si2-Rh1	123.7(2)
C27-C28	154.2(1)	N3-Si2-Rh2	124.0(2)
Rh1-(C12=C13)	203.2	N4-Si2-Rh1	119.6(2)
d(Rh2-C_6Ebene)	181.2	N4-Si2-Rh2	124.1(2)
d(Si2-C_3N_2-Ebene)	62.6	α	28.3
		β	77.9

Da alle Versuche, das Intermediat **91** zu isolieren, erfolglos verliefen, wurde die Reaktion von Chlorsilylen-Rh-Komplex **86** mit zwei Äquivalenten Li[HBEt$_3$] in einer CO-Atmosphäre unter gleichen Bedingungen wiederholt, um so den Zerfall der Intermediate **91** bzw. **91a**, aufgrund der ungesättigten Koordinationssphäre am Rh-Atom, zu verhindern. Allerdings verlief die Reaktion unselektiv und es entstand eine Vielzahl an Produkten, die weder isoliert noch identifiziert werden konnten.

Da die Reaktion des cod-Liganden am Rhodiumatom mit dem Rh-H- und Si-H-Atom in **91** bzw. **91a** zu unerwünschten Nebenprodukten bzw. dem Zerfall des Komplexes durch Abspaltung von Cycloocten führt, wurde in weiteren Experimenten versucht, den cod-Liganden am Rhodiumzentrum durch andere Liganden zu ersetzen. Um dieses zu erreichen, wurde die in Abschnitt 3.3.1 beschriebene Synthese, die auf der Umsetzung von NHSi **5** bei tiefen Temperaturen mit HCl basiert, auch mit anderen Rh-Vorläuferkomplexen angewendet (Schema 3-45).

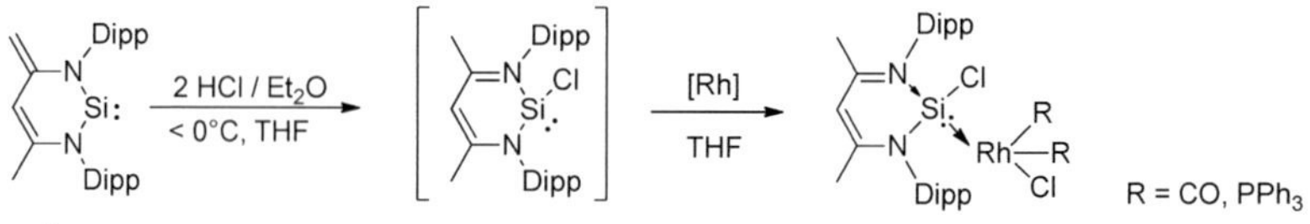

Schema 3-45 Syntheseversuche zu weiteren Chlorsilylen-Rh-Komplexen aus L'Si **5** mit [Rh] = Rh(Cl)(PPh$_3$)$_3$, ½ [Rh(Cl)(PPh$_3$)$_2$]$_2$, ½ [Rh(Cl)CO$_2$]$_2$,

Zunächst wurde das Silylen **5** zusammen mit dem Wilkinson-Katalysator [Rh(Cl)(PPh$_3$)] in THF vorgelegt und bei tiefen Temperaturen (−40 °C) mit einem Äquivalent etherischer HCl-Lösung versetzt. Allerdings lieferte diese Reaktion lediglich das 1,1-HCl-Additionsprodukt **42** neben dem nicht abreagierten Rh-Komplex. Die analoge Reaktion mit dem aus dem Wilkinson-Katalysator [Rh(Cl)(PPh$_3$)] erzeugten [Rh(Cl)(PPh$_3$)]$_2$-Dimerkomplex[139] (Schema 3-46) lieferte das gleiche Ergebnis.

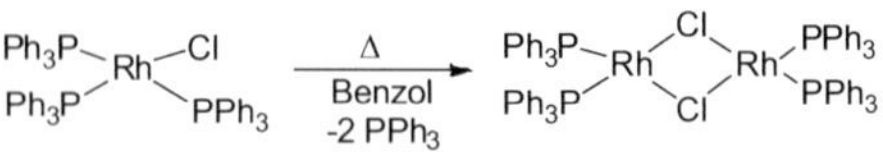

Schema 3-46 Synthese des [Rh(Cl)(PPh$_3$)]$_2$-Dimerkomplexes aus dem Wilkinson-Katalysator.[139]

In einem weiteren Experiment unter analogen Bedingungen wurde Silylen **5** zusammen mit [Rh(Cl)(CO)$_2$]$_2$ in THF vorgelegt und bei tiefen Temperaturen (-40 °C) mit einem Äquivalent etherischer HCl-Lösung versetzt. Beim Erwärmen auf Raumtemperatur änderte sich die Farbe der Reaktionslösung von zunächst gelb zu orange, bevor sich langsam ein Niederschlag bildete.

Das ^{1}H-NMR-Spektrum der Reaktionslösung zeigte keine Resonanzen des Nebenproduktes L'Si(H)Cl **42**, das bei der 1,1-Addition von HCl an das Siliciumzentrum des Silylens **5** entsteht. Dies ist ein Indiz dafür, dass eine Koordination des Siliciumatoms an das Rh-Zentrum stattgefunden haben könnte, da die Protonenwanderung vom Ligandenrückgrat zum Si-Atom nicht zu beobachten war. Allerdings konnten anschließend auch keine charakteristischen Signale für ein noch bestehendes β-Diketiminato-Ligandensystem beobachtet werden. Die gleichen Beobachtungen konnten auch bei dem Versuch den cod-Liganden des Chlorsilylen-Rhodiumkomplexes **86** mit einem Überschuss an CO zu substituieren, gemacht werden. Ein entstehender Niederschlag und das anschließende Protonen-NMR, das keine typischen Resonanzen eines β-Diketiminato-Ligandensystems aufwies, lassen vermuten, dass die gewünschte Reaktionen zwar zunächst erfolgte, allerdings die CO-Liganden am Rh-Atom, im Gegensatz zum chelatisierenden cod-Liganden, nicht in der Lage waren, den entstandenen Komplex ausreichend zu stabilisieren.

Des Weiteren wurde die Umsetzung des Chlorsilylen-Komplexes **86** anstelle von zwei Äquivalenten Superhydrid Li[HBEt$_3$] mit nur einem Äquivalent durchgeführt, mit der Absicht, selektiv entweder das Chloratom am Si- oder am Rh-Atom in **86** zu substituieren. Die Reaktion des Chlorsilylen-Komplexes **86** wurde unter analogen Bedingungen in Toluol mit einem Äquivalent Li[HBEt$_3$] durchgeführt (Schema 3-47). Diese verläuft allerdings unselektiv und liefert ein Produktgemisch. Im ^{1}H-NMR-Spektrum des Reaktionsgemisches (nach 15 min bei Raumtemperatur) lassen sich u. a. Resonanzen für die labilen Verbindungen **91, 91a** (Schema 3-42), sowie Signale des Chlorsilylen-Komplexes **86** beobachten. Zusätzlich treten weitere Resonanzen der neuen Verbindung **95** auf. Um diese Verbindung zu isolieren, wurden die flüchtigen Bestandteile des Reaktionsgemisches entfernt und der Rückstand mit *n*-Hexan extrahiert.

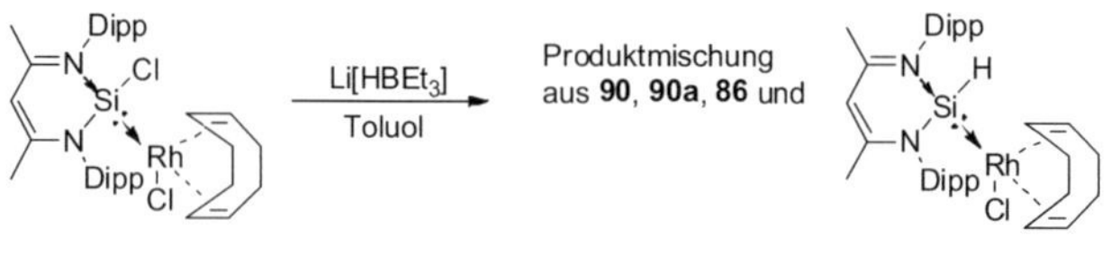

Schema 3-47 Umsetzung des Chlorsilylen-Rh-Komplexes **86** mit einem Äquivalent Li[HBEt$_3$].

Das Volumen des Filtrates wurde reduziert und für mehrere Wochen bei -30 °C gelagert. Aus der konzentrierten n-Hexanlösung konnten geeignete Kristalle für eine Röntgenstrukturanalyse von [LSi(H)-Rh(Cl)cod] **95** erhalten werden (Abb. 3-39). Die Verbindung kristallisiert in der triklinen Raumgruppe P-1 mit vier Molekülen in einer Elementarzelle. Das verzerrt tetraedrisch koordinierte Siliciumatom ragt um 48.6 pm aus der annährend co-planaren C$_3$N$_2$-Ligandenebene heraus. Die SiN$_2$-Ebene bildet zur C$_3$N$_2$-Ebene einen Winkel von 22.9°. Somit befindet sich das Si-Atom deutlich näher an der Hauptligandenebene als im Chlorsilylen-Rh-Komplex **86** (66.9 pm). Die in **86** sehr unterschiedlichen Si-N-Bindungslängen (179.8, 185.1 pm) haben sich in der Molekülstruktur von **95** wieder angeglichen (182.6, 183.9 pm). Die Bindungsverhältnisse im Hydridosilylen-Liganden sind vergleichbar mit denen im LSi(H)-Ni(CO)$_3$-Komplex **58**. Das Wasserstoffatom am Siliciumzentrum konnte im Abstand von 142 pm lokalisiert werden. Die Koordination des Liganden an das Rh-Zentrum in Verbindung **95** unterscheidet sich hingegen von den bisher bekannten Komplexen dieser Art.[40] In diesem Fall ist die Si-Rh-Bindung von der Ligandenhauptebene abgewandt, sodass die Distanz zwischen dem Rhodiumzentrum und der C$_3$N$_2$-Ebene von 255.2 pm beträgt. Die relativ kurze Si-Rh-Bindung mit einer Länge von 226.4 pm im Vergleich zu **86** (229.5 pm) und den homoleptischen NHSi-Rh-Komplexen **82a** und **82b** (229 und 232 pm) von Pfaltz *et al.*[63] weist auf einen stärkeren π-Rückbindungscharakter in **95** hin. Auch der Rh-Cl-Abstand von 241.6 pm hat sich im Vergleich zum Ausgangsmaterial **86** (235.0 pm) um über 6 pm verlängert und ist somit schwächer. Die Winkel um das Rh-Atom variieren zwischen 85.6° (innerhalb des chelatisierenden cod-Liganden) und 94.2°, somit ist das Rhodiumatom wiederum erwartungsgemäß quadratisch-planar koordiniert. Der Torsionswinkel β von 174.5° zwischen dem H1- und dem Cl1-Atom bestätigt die *trans*-Konformation der Substituenten.

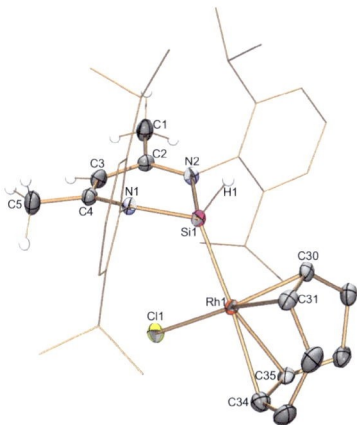

Abb. 3-39 Molekülstruktur von **95**. Die Wasserstoffatome (mit Ausnahme derer, die sich an C1, C3, C5 und Si1 befinden) sind aus Gründen der Übersichtlichkeit nicht abgebildet. Die thermischen Schwingungsellipsoide repräsentieren 50 % der Aufenthaltswahrscheinlichkeit.

Tab. 3-15 Ausgewählte Abstände [pm] und Winkel [°] für die Verbindung **95** (d = Abstand, α = Faltungswinkel zwischen der C_3N_2-Liganden- und der SiN_2-Ebene, β = Torsionswinkel H1-Si1-Rh1-Cl1)

Abstände	[pm]	Winkel	[°]
Si1-Rh1	226.4(2)	N1-Si1-N2	96.6(2)
Rh1-Cl1	241.6(1)	Rh1-Si1-H1	116.54
Si1-H1	142(5)	N1-Si1-Rh1	121.8(1)
Si1-N1	182.6(4)	N2-Si1-Rh1	116.4(2)
Si1-N2	183.9(4)	Si1-Rh1-Cl1	91.28(5)
C1-C2	150.3(7)	Si1-Rh1-(C30=C31)	88.91
C2-C3	138.4(7)	Cl1-Rh1-(C34=C35)	94.21
C3-C4	140.1(7)	(C30=C31)-Rh1-(C34=C35)	85.63
C4-C5	149.9(7)		
d(Si1-C_3N_2-Ebene)	48.6	α	22.9
d(Rh1-C_3N_2-Ebene)	255.2	β	174.5

Das ^{1}H-NMR-Spektrum des Rhodiumkomplexes **95** zeigt für das Si-H-Atom ein Dublett mit einer ^2J(Rh,H)-Kopplung von 6.6 Hz bei einer Verschiebung von δ = 5.01 ppm. Verglichen mit dem Dublett in **91** (δ = 6.29 ppm, ^2J(Rh,H) = 8.2 Hz) ist die Resonanz deutlich zu höherem Feld verschoben und weist eine etwas kleinere ^2J(Rh,H)-Kopplungskonstante auf. Weitere Dubletts sind für die Methylgruppen der Dipp-Substituenten bei $\delta = 1.02$ und 1.98 ppm mit einer ^3J(H,H)-Kopplung von 6.7 Hz bzw. 6.4 Hz zu beobachten. Die beiden Dubletts bei $\delta = 1.28$ und 1.32 ppm werden aufgrund von Überlagerungen als Pseudotriplett wahrgenommen. Die dazugehörigen CH-Gruppen der Dipp-Substituenten zeigen sich als Septetts bei $\delta = 3.45$ und 4.51 ppm, wobei letzteres eine starke Tieffeldverschiebung aufweist. Die Resonanzen der CH_2-Gruppen des cod-Liganden ergeben ein breites Multiplett in einem Bereich zwischen $\delta = 1.30$ und 1.75 ppm. Die CH-Gruppen des cod-Liganden erzeugen ebenfalls breite Signale bei 2.33 und 5.89 ppm. Die charakteristische Resonanz des γ-H-Atoms bei $\delta = 4.68$ ppm ist vergleichsweise weit hochfeldverschoben. Die aromatischen Protonen treten in einem Bereich von $\delta = 7.00$ bis 7.28 ppm auf. Versuche, die ^{13}C- und ^{29}Si-NMR-Spektren der Verbindung **95** aufzunehmen, waren erfolglos. Die sich anschließende ^{1}H-NMR-Messung zeigte, dass die Probe sich bei Raumtemperatur in C_6D_6 im abgeschmolzenen NMR-Rohr zersetzt hatte.

Die antizipierten Umsetzungen des Chlorsilylen-Iridiumkomplexes **87** mit einem bzw. zwei Äquivalenten Li[HBEt$_3$] liefen unter den analogen Bedingungen nicht ab. Auch nach mehrstündigem Rühren bei Raumtemperatur lagen beide Edukte (Komplex **87** und Li[HBEt$_3$]) unverändert vor. Somit lässt sich festhalten, dass der Rh-Komplex **86** zwar eine Reaktion mit einem Äquivalent Li[HBEt$_3$] eingeht, diese allerdings nicht selektiv abläuft und demzufolge eine Reihe von Produkten gebildet wird. Die Reaktion mit zwei Äquivalenten Li[HBEt$_3$] hingegen liefert zunächst selektiv das labile Intermediat **84,** das eine Si-H- und eine Rh-H-Einheit enthält. Allerdings finden im direkten Anschluss Wasserstoffumlagerungen und unkontrollierbare Folgereaktionen statt, deren Produkte nicht stabilisiert werden konnten.

3.3.5 Reaktionen von 87 mit Methyllithium

Die Chlorsilylen-Übergangsmetallkomplexe **86** und **87** unterscheiden sich nicht nur bezüglich ihrer Eigenschaft als Präkatalysator und somit in ihrer katalytischen Aktivität. Schon die unterschiedliche Reaktivität gegenüber dem Li-Superhydrid im vorangegangenen Kapitel

3.3.4 zeigte das voneinander abweichende Verhalten der beiden sehr ähnlichen Komplexe **86** und **87** gegenüber Nukleophilen.

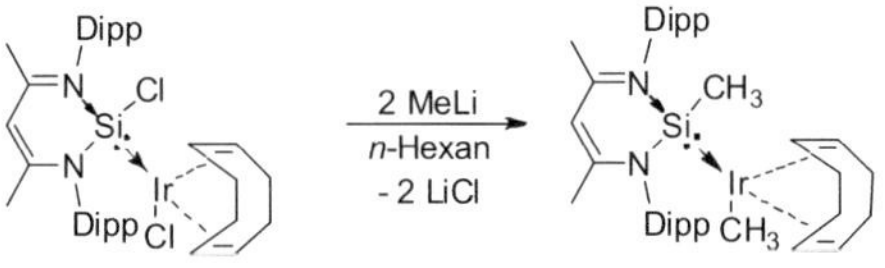

Schema 3-48 Methylierung von LSi(Cl)-Ir(Cl)cod **87** zu **96**.

Für die Reaktion mit Methyllithium wurde der Chlorsilylen-Iridiumkomplex **87** in *n*-Hexan vorgelegt und auf −40 °C gekühlt, um zwei Äquivalente einer Methyllithium-Et$_2$O-Lösung (1.6 M) hinzuzugeben (Schema 3-48). Während in einem Zeitraum von 4 h die Reaktionsmischung bei Raumtemperatur gerührt wurde, konnte eine Farbveränderung von rot nach braun beobachtet werden. Das in *n*-Hexan unlösliche Lithiumchlorid wurde abfiltriert und das Volumen des Filtrats im Vakuum auf 3 ml reduziert. Lagerung bei −30 °C ergab die doppelt-methylierte Verbindung **96** als Produkt in Form schwarzer Kristalle.

Im ^{1}H-NMR-Spektrum von **96** wird für die Methylgruppe am Iridiumatom eine Resonanz bei δ = 0.32 ppm beobachtet. Die Methylgruppe am Siliciumatom hingegen wird bei einer Verschiebung von δ = 1.20 ppm detektiert, zwischen den Dubletts bei δ = 1.00, 1.16, 1.31 und 1.41 ppm (^3J(H,H) = 6.6 Hz), die durch die Methylgruppen der Dipp-Substituenten erzeugt werden. Bei einer Verschiebung von δ = 4.82 ppm zeigt sich das charakteristische γ-H-Atom des Ligandenrückgrats und ist somit im Vergleich zu **87** (δ = 5.37 ppm) deutlich zu höherem Feld verschoben. Die Signale der CH-Gruppen der Isopropylsubstituenten überlagern sich, so dass ein Multiplett in einem Bereich von δ = 3.06 bis 3.34 ppm beobachtet werden kann. Die Signale im ^{13}C-NMR-Spektrum der Verbindung **96** wurden mit Hilfe eines ^{1}H,^{13}C-HMQC-Korrelationsspektrums zugeordnet. Das ^{13}C-NMR-Spektrum zeigt eine Resonanz bei δ = −1.1 ppm für die Methylgruppe am Iridiumatom. Die Methylgruppe am Siliciumatom wird hingegen bei δ = 8.9 ppm beobachtet. Das Signal des charakteristischen γ-^{13}C-Atoms ist bei einer Verschiebung von δ = 102.5 ppm zu beobachten, und die quartären C-Atome des Rückgrats können der Resonanz bei δ = 168.9 ppm zugeordnet werden. Das ^{29}Si-NMR-Spektrum zeigt eine Resonanz bei δ = 45.5 ppm. Im Vergleich zur Ausgangsverbindung **87**

($\delta = 0.8$ ppm) erscheint das Signal durch den Austausch des Chloratoms durch eine Methylgruppe stark tieffeldverschoben.

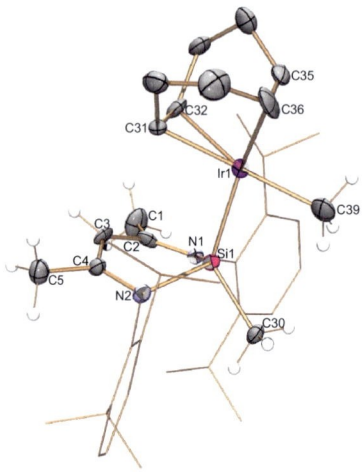

Abb. 3-40 Molekülstruktur von **96**. Die Wasserstoffatome (mit Ausnahme derer, die sich an C1, C3, C5, C30 und C39 befinden) sind aus Gründen der Übersichtlichkeit nicht abgebildet. Die thermischen Schwingungsellipsoide repräsentieren 50 % der Aufenthaltswahrscheinlichkeit.

Tab. 3-16 Ausgewählte Abstände [pm] und Winkel [°] für die Verbindung **96** (d = Abstand, α = Faltungswinkel zwischen der C_2N_2-Liganden- und der SiN_2-Ebene, β = Torsionswinkel C30-Si1-Ir1-C39)

Abstände	[pm]	Winkel	[°]
Si1-Ir1	234.3(2)	N1-Si1-N2	95.0(2)
Ir1-C39	211.5(7)	Ir1-Si1-C30	121.6(2)
Si1-C30	188.8(6)	N1-Si1-Ir1	114.4(2)
Si1-N1	187.2(5)	N2-Si1-Ir1	118.0(2)
Si1-N2	184.6(5)	Si1-Ir1-C39	86.8(2)
C1-C2	152.6(8)	Si1-Ir1-(C31=C32)	100.4
C4-C5	150.1(9)	C39-Ir1-(C35=C36)	87.0
d(C3-C_2N_2-Ebene)	16.8	(C31=C32)-Ir1-(C35=C36)	86.2
d(Si1-C_2N_2-Ebene)	73.7	α	36.0
d(Ir1-C_2N_2-Ebene)	307.2	β	12.8

Vom doppelt-methylierten Iridiumkomplex **96** konnten bei −30 °C aus einer konzentrierten *n*-Hexanlösung geeignete Einkristalle für eine Röntgenstrukturanalyse erhalten werden (Abb. 3-40). Verbindung **96** kristallisiert in der orthorhombischen Raumgruppe $P2_12_12_1$ mit vier Molekülen in der Elementarzelle. Die Ligandenhauptebene ist annähend co-planar und wird von den Stickstoffatomen N1 und N2, sowie den beiden quartären Kohlenstoffatomen C2 und C4 aufgespannt. Das γ-C-Atom liegt 16.8 pm oberhalb dieser Hauptebene und das verzerrt tetraedrische Siliciumatom ragt um 73.7 pm aus dieser heraus. Die SiN_2-Ebene ist mit 36.0° stärker von der Hauptebene abgewinkelt als im Ausgangsmaterial **87** (32.6 pm). Die Si-N-Bindungen von 184.6 und 187.2 pm sind signifikant länger und somit schwächer als jene im Chlorsilylen-Ir-Komplex **87** (180.1 und 184.6 pm). Die Methylgruppe befindet sich am Si-Atom in äquatorialer Lage in einem Abstand von 188.8 pm. Somit ist die Si-C-Bindung kürzer als jene in dem Hydrosilylierungsprodukt **69** (193.9 pm; Abschnitt 3.2.3) und liegt damit im Bereich typischer Si-C-Einfachbindungen (188 pm)[85]. Das annähend quadratisch-planar koordinierte Iridiumzentrum befindet sich in axialer Stellung am Siliciumzentrum. Der Si-Ir-Bindungsabstand beträgt 234.3 pm und ist somit etwas länger als der im Ausgangsmaterial **87** (231.6 pm). Es zeigt sich hier, dass sich im Gegensatz zu den $Ni(CO)_3$-Komplexen (**57**, **58**, **69**) und Chlorsilylen-Rhodium- bzw. -Iridium-Komplexen (**86** und **87**) das Metallfragment in axialer und nicht an äquatorialer Position am Siliciumzentrum befindet. Neben der veränderten Position des Ir(Me)cod-Komplexfragmentes fällt die daraus resultierende *cis*-Konformation der Methyl-Substituenten am Silicium- und Iridiumatom auf. Der Torsionswinkel zwischen den beiden Kohlenstoffatomen C30 und C39 beträgt lediglich 12.8°, wohingegen die beiden Chloratome Cl1 und Cl2 im Chlorsilylen-Iridiumkomplex **87** eine *trans*-Konformation mit einem Torsionswinkel von 152° besitzen.

Analog zu der oben beschriebenen Reaktion wurden bei −40 °C zu einer Lösung des Chlorsilylen-Iridiumkomplexes **87** in *n*-Hexan ein Äquivalent Methyllithium hinzugetropft (Schema 3-49) und die Reaktionslösung anschließend über Nacht bei Raumtemperatur gerührt. Das in *n*-Hexan unlösliche Lithiumchlorid wurde abfiltriert und alle flüchtigen Bestandteile des Filtrats im Vakuum entfernt. Die selektiv am Iridiumzentrum methylierte Verbindung **97** bleibt als rot-brauner Feststoff zurück.

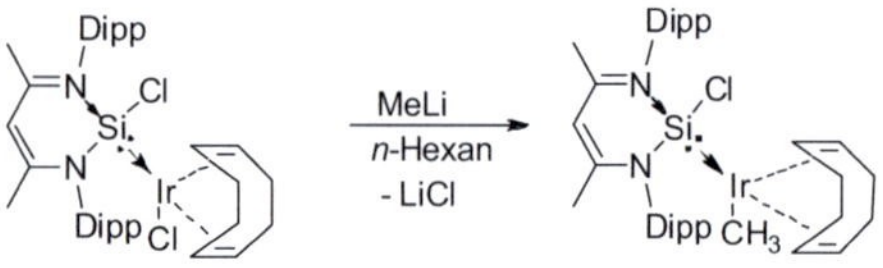

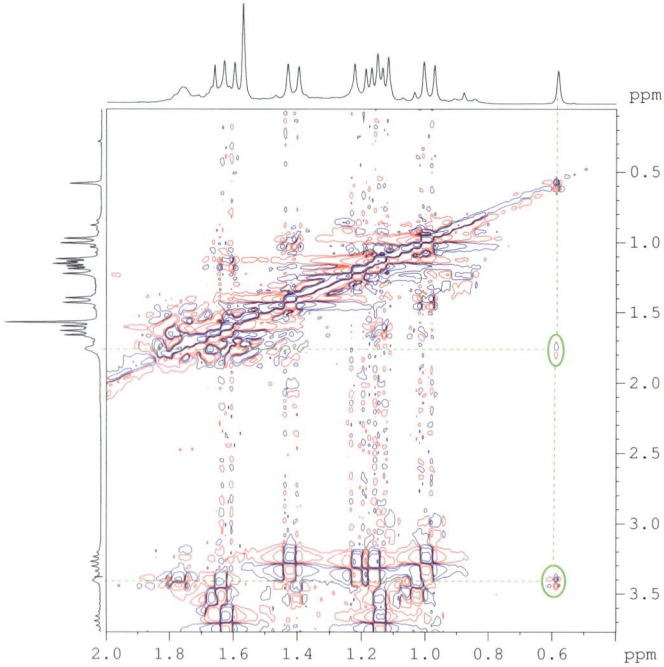

Schema 3-49 Reaktion von LSi(Cl)-Ir(Cl)cod **87** mit Methyllithium zu **97**.

Das Protonen-NMR-Spektrum der Verbindung **97** zeigt ein Singulett bei einer Verschiebung von $\delta = 0.58$ ppm, das den Methylprotonen am Iridiumzentrum zugeordnet werden kann. Die breiten Resonanzen bei $\delta = 1.75$, 3.41 und 4.35 ppm können den CH_2- bzw. CH-Gruppen des cod-Liganden zugeordnet werden.

Abb. 3-41 ^{1}H,^{1}H-COSY-Spektrum (C_6D_6) der Verbindung **97**. Die grünen Kreise verweisen auf die Kreuzpeaks der CH_3-Resonanzen am Iridiumatom mit den Resonanzen der CH-Gruppen am cod-Liganden.

Mit Hilfe des ^{1}H,^{1}H-COSY-Spektrums (Abb. 3-41) konnte die Vermutung bestätigt werden, dass die selektive Methylierung am Iridiumatom und nicht am Siliciumatom stattgefunden hat. Für die Methylgruppe konnten Kreuzpeaks mit den Resonanzen der CH-Gruppen am cod-Liganden gefunden werden. Im ^{13}C-NMR-Spektrum von **97** ist das Kohlenstoffatom der Methylgruppe am Iridiumzentrum bei $\delta = 6.9$ ppm zu beobachten. Die ^{13}C-Atome des Ligandenrückgrats erzeugen Resonanzen bei $\delta = 23.1$ ppm durch die Methylgruppen, bei $\delta = 105.6$ ppm durch das γ-C-Atom und die quartären Kohlenstoffatome sind bei $\delta = 168.5$ ppm vorzufinden. Das ^{29}Si-NMR-Spektrum der Verbindung **97** zeigt eine Resonanz bei $\delta = 13.5$ ppm, was eine Tieffeldverschiebung bedeutet, bezogen auf das Ausgangsmaterial **87** ($\delta = 0.79$ ppm).

Während der Chlorsilylen-Iridiumkomplex **87** keine Reaktion mit dem Li-Superhydrid Li[HBEt$_3$] eingeht, ist eine selektive Methylierung mit Methyllithium am Ir-Atom und anschließend mit einem zweiten Äquivalent am Si-Atom möglich. Die analogen Reaktionen des Chlorsilylen-Rhodiumkomplexes **86** mit einem bzw. zwei Äquivalenten Methyllithium führten zu einer Reihe von Produkten, die sich nicht isolieren ließen. Zusätzlich konnte gezeigt werden, dass sich die katalytische Aktivität der Komplexe **86** und **87** nicht nur in ihrer Aktivität, sondern auch bzgl. ihrer Chemoselektivität unterscheiden. Es lässt sich festhalten, dass beide Komplexe trotz ihrer, auf den ersten Blick, großen Ähnlichkeiten in ihrer Reaktivität und katalytischen Aktivität große Unterschiede aufweisen. Bei dem Chlorsilylen-Rh-Komplex **86** handelt es sich um den ersten NHSi-Rh-Komplex, dessen katalytische Aktivität nachgewiesen wurde. Der analoge Chlorsilylen-Ir-Komplex **87** zeigt als Präkatalysator die bemerkenswerte Eigenschaft auch die deutlich seltenere C-N-Reduktion von Amiden (im Vergleich zur C-O-Reduktion) zu katalysieren.

3.4 Versuche zur Synthese eines Silylens mit weniger sterischem Anspruch

Aufgrund des sterischen Anspruchs der Diisopropylphenylsubstituenten ist das Si(II)-Zentrum des β-Diketiminatosilylens **5** relativ stark abgeschirmt. Diese kinetische Stabilisierung führt allerdings auch zu Schwierigkeiten, das Silylen **5** auf direktem Weg an einen Metallkomplex zu koordinieren. Lediglich die Reaktion des Silylens **5** mit Ni(cod)$_2$ (Schema 1-5) und die

Insertionsreaktion von **5** in eine Ir-H-Bindung des Komplexes [Cp*IrH₄] (Schema 1-6) konnten mit dem freien NHSi **5** realisiert werden. Für die Synthese der Chlorsilylen-Rh- und -Ir-Komplexe **86** und **87** musste zunächst die σ-Donor/π-Akzeptorstärke des Liganden modifiziert werden, bevor die Koordination an das jeweilige Metallzentrum stattfinden konnte. In Kapitel 3.3 konnte gezeigt werden, dass erst nach einer 1,4-Addition von HCl an das NHSi **5** die gewünschte Koordination erfolgte (Schema 3-37). Aufgrund der unerwünschten Protonenwanderung bei Raumtemperatur, die eine Koordination des Siliciumatoms an ein Metallzentrum unterbinden würden, können die Koordinationsreaktionen nur bei tiefen Temperaturen durchgeführt werden. Um auch in Zukunft die einzigartigen Ligandeneigenschaften eines zwitterionische β-Diketiminatosilylens vielfältiger nutzen zu können und Koordinationsreaktionen auch bei Raumtemperatur oder höheren Temperaturen durchführen zu können, sollen in diesem Abschnitt der Arbeit einige Versuche zur Synthese eines neuen β-Diketiminatosilylens mit weniger sterisch anspruchsvollen Substituentenmuster an den Stickstoffatomen beschrieben werden.

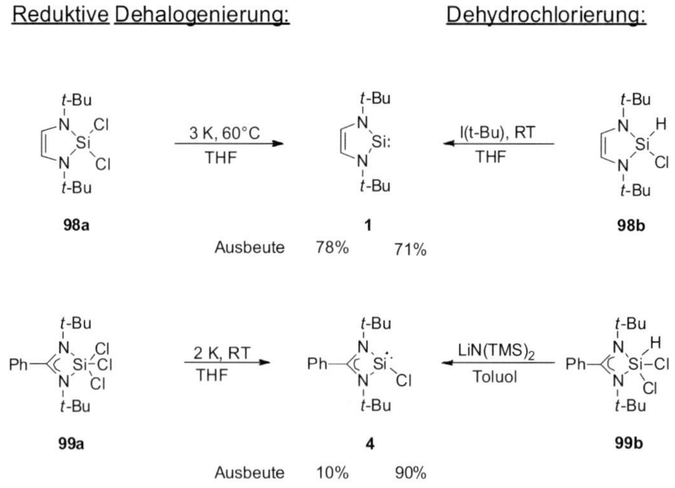

Schema 3-50 Reduktionsmöglichkeiten von verschiedenen Si(IV)-Verbindungen zu den Si(II)-Verbindungen **1** und **4**; I(t-Bu) = 1,3-Di-tert-butylimidazol-2-ylid.

Aus der Literatur sind zwei Methoden zur erfolgreichen Darstellung von N-heterocyclischen Silylenen bekannt. Zunächst wird eine geeignete Silicium(IV)vorstufe benötigt, die anschließend mit einem passenden Reduktionsmittel zum niedrigvalenten Silylen reduziert werden kann. Wie im Schema 3-50 dargestellt, gibt es dafür die folgenden Methoden:

1. Die reduktive Dehalogenierung von meist chlorierten oder bromierten Siliciumverbindungen mit elementarem Kalium[8,9,14,15,38] oder ggf. der Interkalationsverbindung Kaliumgraphit[12,16,17,26,27]; neben dieses sehr gebräuchlichen Reduktionsmittels werden aber auch Magnesium[24] oder Mg(I)-Verbindungen[32,140] verwendet.

2. Die Dehydrochlorierung von Hydrochlorsilanen mit verschiedenen *N*-heterocyclischen Carbenen[29,44,78] oder Li[N(TMS)₂].[44]

Sowohl das NHSi **1** als auch das Chlorsilylen **4** wurden zuerst durch Reduktion der jeweiligen Chlorverbindungen **98a** und **99a** mit elementarem Kalium hergestellt (Schema 3-50).[8,14] Während die Dichlorsilicium-Verbindung **98a** mit drei Äquivalenten Kalium bei 60 °C umgesetzt werden muss,[8] läuft die Dehydrochlorierung des analogen Hydrochlorsilans **98b** mit dem *N*-heterocyclischen Carben 1,3-Di-*tert*-butylimidazol-2-ylid (kurz: I(*t*-Bu)) bei milderen Bedingungen (RT) ab.[78] Auch für die Synthese des Chlorsilylens **4** wurde zunächst die reduktive Dehalogenierung von [PhC(N*t*-Bu)₂]SiCl₃ **99a** mit zwei Äquivalenten Kalium bei Raumtemperatur durchgeführt. Allerdings konnte auf diesem Weg nur eine Ausbeute von 10 % erzielt werden.[14] Höhere Ausbeuten wurden hingegen durch Dehydrochlorierung von **99b** unter Verwendung von I(*t*-Bu) (35 %) bzw. Li[N(TMS)₂] (90 %) als Base erhalten.[44]

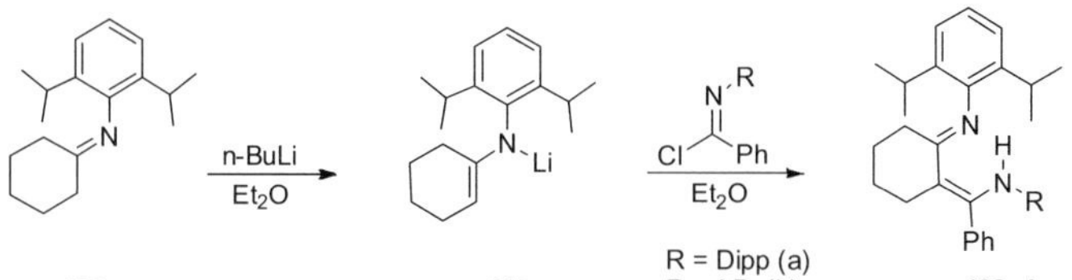

Schema 3-51 Syntheseroute für ein flexibles β-Diketiminato-Ligandensystem.

Die Idee und Synthesevorschrift für ein neues flexibleres β-Diketiminato-Ligandensystem wurde kürzlich in unserer Arbeitsgruppe entwickelt.[141,142] Ausgehend vom *N*-Cyclohexyliden-2,6-diisopropylbenzenamin **100**[143] kann durch Deprotonierung mit *n*-

Butyllithium das Lithiumamid **101** hergestellt werden. Die anschließende Salzmetathese mit einem entsprechenden Benzimidoylchlorid liefert den gewünschten β-Diketiminatoliganden **102a,b** (Schema 3-51). An dieser Stelle bietet der Syntheseweg die Möglichkeit, durch Variationen des Substituenten am N-Atom im Benzimidoylchlorid, den sterischen Anspruch des neuen Liganden zu steuern. Um die sterische Abschirmung im Vergleich zum bisher eingesetzten Liganden (LH) **39** zu verringern, wurde für das neue Ligandensystem eine Isopropylgruppe eingeführt. Auf diese Weise konnte ein flexibleres, asymmetrisches β-Diketiminato-Ligandensystem **102b** mit einer Cyclohexyleinheit im Rückgrat, sowie einem Dipp-Substituenten und einer Isopropylgruppe an den Stickstoffatomen aufgebaut werden. Im Folgenden sollen Synthesewege für geeignete Si(IV)-Verbindungen basierend auf diesem neuen Liganden L^2H **102b** (L^2: DippN=C(Cy)=C(Ph)Ni-Pr) aufgezeigt werden, die in einem weiteren Schritt zu einer niedrigvalenten Silicium(II)-Verbindung reduziert werden sollten.

3.4.1 Synthese von $L^{2'}SiCl_2$ 104

Zunächst wurde der neue Ligand **102b** bei tiefen Temperaturen ($-50\,°C$) mit n-BuLi deprotoniert und für 1.5 h bei Raumtemperatur gerührt. Die Reaktionsmischung wurde ein weiteres Mal auf $-78\,°C$ abgekühlt und TMEDA sowie nach 0.5 h $SiCl_4$ hinzugegeben (Schema 3-52). Anschließend wurde die Reaktionsmischung bei Raumtemperatur über Nacht gerührt. Nachdem die entstandene orangefarbene Suspension filtriert und alle flüchtigen Bestandteile des Filtrates im Vakuum entfernt wurden, konnten das Rohprodukt mit n-Hexan extrahiert werden. Aus der konzentrierten n-Hexanlösung konnten bei Raumtemperatur gelbe Kristalle erhalten werden. Die Auswertung des ^{1}H-NMR-Spektrums der Kristalle ergab, dass die gewünschte Verbindung $L^{2'}SiCl_2$ **104** ($L^{2'}$: DippN-C(Cy-2-en)=C(Ph)Ni-Pr), neben dem freien Liganden **102b** im Verhältnis von 1:1 erhalten wurde. Dies könnte darauf zurückzuführen sein, dass im zweiten Reaktionsschritt entstehendes HCl von der lithiierten Verbindung **103** abgefangen und somit der freie Ligand **102b** in einer Konkurrenzreaktion zurückgebildet wird (Schema 3-52). Durch Zugabe eines zweiten Äquivalentes von **103** konnte die Ausbeute der Reaktion erhöht, allerdings das Verhältnis von 1:1 (**102b** : **104**) nicht beeinflusst werden.

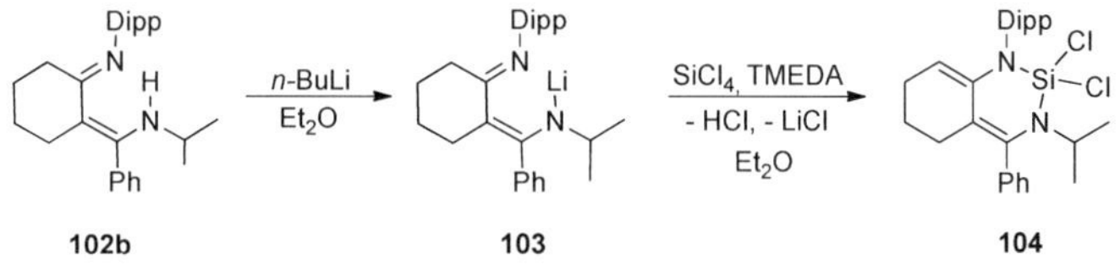

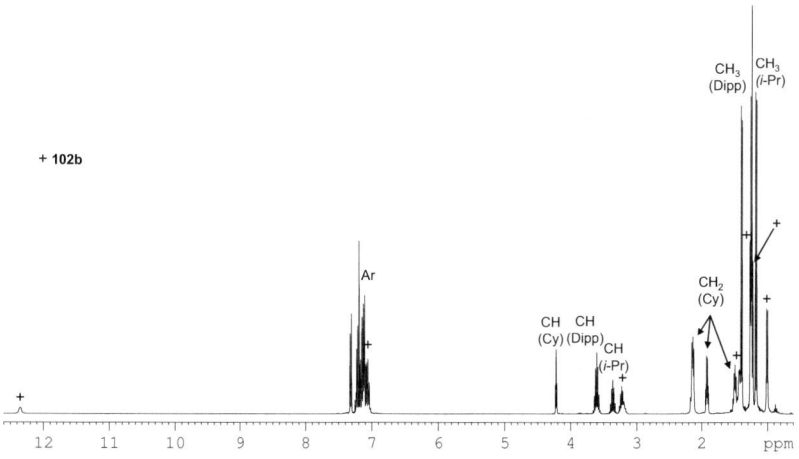

Schema 3-52 Synthese der Verbindung L$^{2'}$SiCl$_2$ **104**.

Das aufgenommene ^{1}H-NMR-Spektrum der Verbindung **104** (Abb. 3-42) zeigt jeweils ein Dublett mit einer ^3J(H,H)-Kopplung von 6.8 Hz bei einer Verschiebungen von δ = 1.14, 1.21 und 1.35 ppm für die Isopropylgruppen der Substituenten. Für die dazugehörigen CH-Gruppen konnten zwei Septetts bei δ = 3.32 bzw. 3.57 ppm mit einem Integral für 1H bzw. 2H beobachtet werden. Ein deutlicher Hinweis für den Erfolg der Synthese ist die Beobachtung des Tripletts bei δ = 4.18 ppm mit einer ^3J(H,H)-Kopplung von 4.3 Hz, das von der, durch Deprotonierung der Cyclohexylgruppe, entstehenden CH-Gruppe im Ligandenrückgrat hervorgerufen wird. Die breiten Signale bei δ = 1.44 – 1.47, 1.86 – 1.90 und 2.08 – 2.11 ppm können den verbliebenen CH$_2$-Gruppen des Cyclohexylrückgrats zugeordnet werden.

Abb. 3-42 ^{1}H-NMR-Spektrum (C$_6$D$_6$, 400MHz) von **104**.

Das ^{13}C-NMR-Spektrum von **104** zeigt die Signale der Kohlenstoffatome für die CH$_2$-Gruppen des Cyclohexylrings bei δ = 24.1, 25.2 und 29.7 ppm, sowie bei δ = 104.4 ppm für die neu entstandene CH-Gruppe. Die Signale der quartären ^{13}C-Atome der Cyclohexylgruppe, sowie das Kohlenstoffatom des PhCN-Fragments können bei einer Verschiebung von δ = 115.9 und 140.5 bzw. 148.7 ppm beobachtet werden. Im ^{29}Si-NMR-Spektrum von **104** wird eine Resonanz bei δ = −39.4 ppm beobachtet, deren Verschiebung mit jener von L'SiCl$_2$ (δ = −40.0 ppm)[74] und der Dichlorsilicium-Verbindung **98a** (δ = −40.7 ppm)[8] praktisch übereinstimmt. Mit Hilfe der hochauflösenden EI-Massenspektrometrie konnte die Verbindung **104** (beobachtet: m/z = 498.20064; berechnet: 498.20248) verifiziert werden.

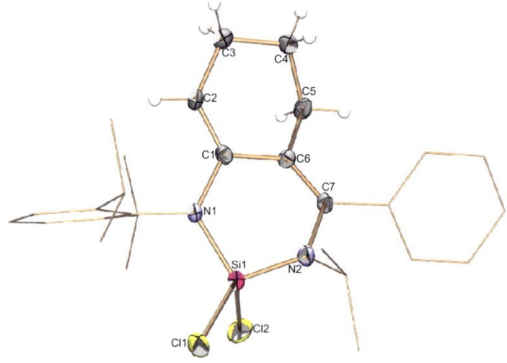

Abb. 3-43 Molekülstruktur von **104**. Die Wasserstoffatome (mit Ausnahme derer, die sich an C2, C3, C4 und C5 befinden) sind aus Gründen der Übersichtlichkeit nicht abgebildet. Die thermischen Schwingungsellipsoide repräsentieren 50 % der Aufenthaltswahrscheinlichkeit.

Aus einer konzentrierten *n*-Hexanlösung konnten bei Raumtemperatur geeignete Kristalle für eine Röntgenstrukturanalyse erhalten werden (Abb. 3-43). Die Verbindung **104** kristallisiert in der triklinen Raumgruppe *P*-1. Das Siliciumzentrum ist verzerrt tetraedrisch koordiniert und besitzt Si-Cl-Bindungslängen von 203.7 und 204.9 pm, was den Abständen in L'SiCl$_2$ entspricht (203.1 und 205.1 pm). Auch der Cl-Si-Cl-Winkel ist mit 104.26° mit dem in L'SiCl$_2$ (103.9°) vergleichbar. Im Unterschied zum Ligandensystem der Verbindung L'SiCl$_2$ ist die Ligandenebene (hier: N1-C1-C6-C7-N2) nicht planar. Der N-Si-N-Winkel ist mit 106.36° nur geringfügig kleiner als der entsprechende Winkel in L'SiCl$_2$ (107.9°) und die Si-N-Bindungen entsprechen mit einer Länge von 169.5 und 170.3 pm ebenfalls den Bindungsverhältnissen in L'SiCl$_2$ (169.9, 170.5 pm). Anhand der kurzen C1-C2-Bindung (133.9 pm) im Cyclohexylring des Ligandenrückgrats, die der Länge einer C=C-Doppelbindung entspricht, kann die erwartete Deprotonierung an C2 bestätigt werden.

Um die erwünschte niedrigvalente Siliciumverbindung zu realisieren, wurden reduktive Dehalogenierungsversuche von $L^{2'}SiCl_2$ **104** mit KC_8 durchgeführt. Während für die in Toluol durchgeführten Reduktionsversuche keine Reaktionen zu beobachten war, konnte für die analoge Reaktion in THF ausschließlich der freie Ligand **102b** als Hauptprodukt identifiziert werden.

Tab. 3-17 Ausgewählte Bindungslängen [pm] und Winkel [°] für die Verbindung **104**.

Bindungen	[pm]	Winkel	[°]
Si1-Cl1	204.9(1)	N2-Si1-N1	106.36(9)
Si1-Cl2	203.7(1)	Si1-N1-C1	117.8(2)
Si1-N1	170.3(2)	N1-C1-C6	117.7(2)
Si1-N2	169.5(2)	C1-C6-C7	124.6(2)
N1-C1	143.0(3)	N2-C7-C6	121.6(2)
N2-C7	143.2(3)	Si1-N2-C7	112.6(2)
C1-C2	133.9(3)	Si1-N1-C17	123.2 (2)
C5-C6	151.6(3)	C1-N1-C17	118.4(2)
C6-C7	134.6(3)	Cl1-Si1-Cl2	104.26(4)
C1-C6	147.7(3)		

Alternativ zur Dehalogenierung wurde zusätzlich versucht, $L^{2'}SiCl_2$ **104** mit dem Collman's Reagenz direkt zu einem NHSi-Metallkomplex umzusetzen (Schema 3-53). Dafür wurden beide Reagenzien in einem Verhältnis 1:1 bei tiefen Temperaturen in THF gelöst und über Nacht bei Raumtemperatur gerührt. Anschließend wurden alle flüchtigen Bestandteile im Vakuum entfernt und der Rückstand mit Toluol extrahiert.

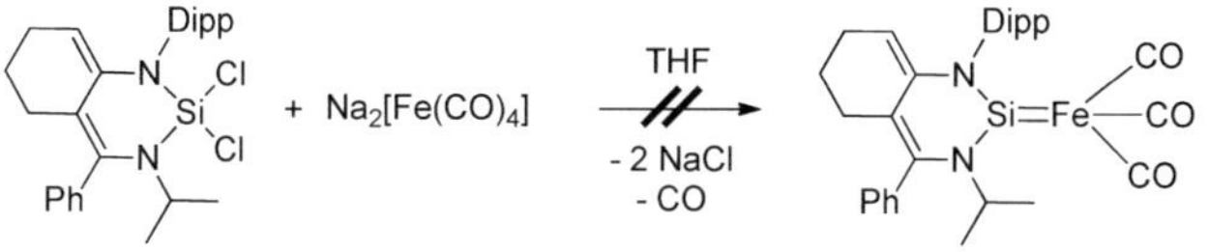

Schema 3-53 Beabsichtigte Reaktion von **104** mit dem Collman's Reagenz.

Das ^{1}H-NMR-Spektrum in C_6D_6 des Filtrats zeigte lediglich die bekannten Signale des Ausgangsmaterials $L^{2'}SiCl_2$ **104**, wohingegen das ^{1}H-NMR-Spektrum des Rückstands in deuteriertem THF hauptsächlich Lösungsmittel-Signale aufwies. Beides weist darauf hin, dass keine Reaktion stattgefunden hat und beide Edukte weiterhin unverändert vorliegen.

3.4.2 Synthese von $L^{2'}SiBr_2$ 105

Da bis heute die Versuche **104** zu enthalogenieren, erfolglos verliefen, wurde alternativ erprobt die analoge Bromverbindung **105** herzustellen. Doch die analoge Syntheseroute durch Umsetzung des Liganden **102b** zunächst mit *n*-BuLi und anschließend in Anwesenheit von TMEDA mit $SiBr_4$ führte nicht zum gewünschten Ergebnis, sondern zu einem zweifach protonierten Liganden. Daher wurde in einem anderen Experiment die lithiierte Verbindung **103** bei $-78\,°C$ anstelle von TMEDA als Base das Carben I(*t*-Bu) hinzugegeben und anschließend $SiBr_4$ hinzugetropft (Schema 3-54). Die entstehende orangefarbene Suspension wurde filtriert. Allerdings bildete sich direkt im Anschluss erneut ein farbloser Niederschlag im Filtrat, wodurch die Aufreinigung erschwert wurde. Durch Zugabe von Triethylamin konnte die Niederschlagsbildung unterbunden werden.

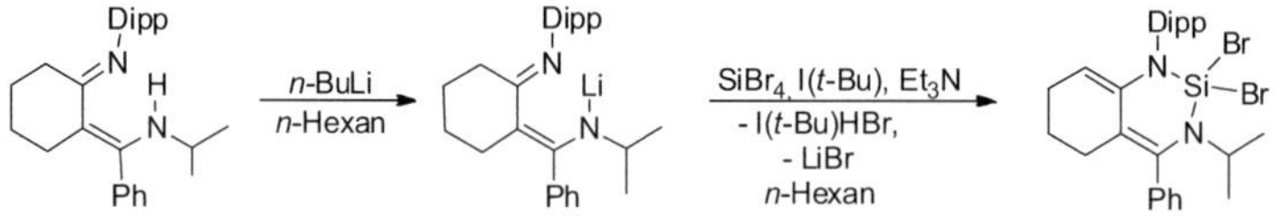

Schema 3-54 Synthese der Verbindung $L^{2'}SiBr_2$ **105**.

Das ^{1}H-NMR-Spektrum des Filtrats weist auf die Bildung von Verbindung **105** hin (Abb. 3-44). Die bei der Deprotonierung des Cyclohexylrings im Ligandenrückgrat entstehende CH-Gruppe erzeugt bei einer Verschiebung von $\delta = 4.22$ ppm ein Triplett mit einer ^3J(H,H)-Kopplung von 4.3 Hz. Die drei Isopropylgruppen erzeugen insgesamt drei Dubletts bei einer Verschiebung von $\delta = 1.16$, 1.21 und 1.37 ppm mit einer ^3J(H,H)-Kopplung von jeweils 6.8 Hz. Die dazugehörigen CH-Gruppen erzeugen Septetts bei Verschiebungen von $\delta = 3.43$ und 3.57 ppm. Für die CH_2-Gruppen des Cyclohexylrings erscheinen breite Multipletts bei $\delta = 1.46$, 1.87 und 2.10 ppm.

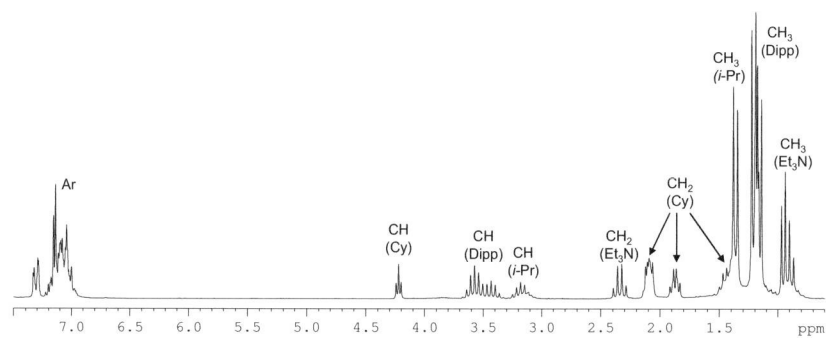

Abb. 3-44 ^{1}H-NMR-Spektrum (C_6D_6) von $L^{2'}SiBr_2$ **105.**

Die Zusammensetzung der Verbindung **105** konnte mittels hochauflösender EI-Massenspektrometrie bestätigt werden (beobachtet: m/z = 586.10033; berechnet: m/z = 586.10090). Bislang konnten keine geeigneten Einkristalle von $L^{2'}SiBr_2$ **105** für eine Kristallstrukturanalyse erhalten werden.

Versuche, die Verbindung **105** mit KC_8 zu reduzieren, führten nicht zum gewünschten Ergebnis. Für die Reaktion von Verbindung $L^{2'}SiBr_2$ gelöst in Diethylether mit zwei Äquivalenten KC_8 versetzt, konnte keine Reaktion beobachtet werden. Für die analoge Reaktion in THF zeigte das ^{1}H-NMR-Spektrum der Reaktionslösung eine scharfes Singulett als Hauptsignal bei einer Verschiebung von δ = 1.4 ppm, was auf einen Zerfall der Verbindung und die Entstehung freien Cyclohexans hinweisen könnte.

3.4.3 Synthese von $L^{2'}Si(H)Cl$ 106

Da die reduktiven Dehalogenierungsversuche mit den beiden hergestellten Si(IV)-Dihalogenverbindungen $L^{2'}SiCl_2$ **104** und $L^{2'}SiBr_2$ **105** bis heute nicht erfolgreich waren, wurde ausgehend vom Liganden **102b** die Synthese des Hydrochlorsilans **106** angestrebt (Schema 3-55). Dafür wurde wiederum der Ligand **102b** in Diethylether zu **103** lithiiert und über Nacht bei Raumtemperatur gerührt. Anschließend wurden die flüchtigen Bestandteile am Vakuum entfernt und der Rückstand in Toluol aufgenommen. Bei tiefen Temperaturen (−50 °C) wurde zunächst TMEDA und anschließend $HSiCl_3$ hinzugegeben. Die

Reaktionsmischung wurde über Nacht bei Raumtemperatur gerührt, anschließend filtriert und die flüchtigen Bestandteile des Filtrats entfernt. Der Rückstand wurde mit *n*-Hexan extrahiert und das Volumen des Filtrats reduziert. Bereits nach einer Nacht bei Raumtemperatur konnte das gewünschte Produkt (neben dem freien Liganden **102b**) in Form gelber Kristalle erhalten werden.

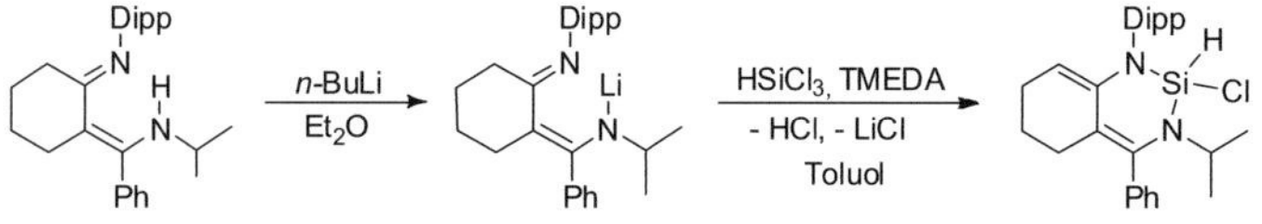

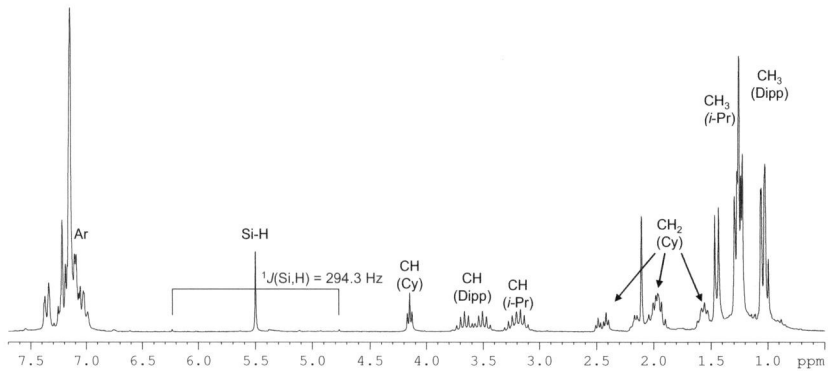

Schema 3-55 Syntheseroute zur Verbindung $L^{2'}Si(H)Cl$ **106**.

Im ^{1}H-NMR-Spektrum der Verbindung **106** (Abb. 3-45) ist die durch Deprotonierung des Ligandenrückgrat erzeugte CH-Gruppe als Triplett bei einer Verschiebung von $\delta = 4.15$ ppm mit einer $^3J(H,H)$-Kopplung von 4.2 Hz zu beobachten. Die CH$_2$-Gruppen des Cyclohexylrings treten als breite Multipletts im Bereich von $\delta = 1.53 - 1.62$, $1.89 - 2.04$ und 2.45 ppm auf. Das Si-H-Atom erzeugt eine Resonanz bei $\delta = 5.50$ ppm mit einer $^1J(Si,H)$-Kopplung von 294.3 Hz. Diese ist im Vergleich zu L'Si(H)Cl **42** (Abschnitt 3.1.1) etwas tieffeldverschoben und weist eine kleinere $^1J(Si,H)$-Kopplung auf ($\delta = 5.30$ ppm, $^1J(Si,H) = 304$ Hz).

Abb. 3-45 ^{1}H-NMR-Spektrum (C$_6$D$_6$) der Verbindung **106**.

Im ^{29}Si-NMR-Spektrum der Verbindung **106** wird eine Resonanz bei δ = −38.4 ppm erzeugt. Diese ist somit vergleichbar mit der ^{29}Si-Verschiebung von **42** (δ = −36.0 ppm). Zusätzlich konnte die Zusammensetzung mittels hochauflösender EI-Massenspektrometrie bestätigt werden (beobachtet: m/z = 464.24125; berechnet: m/z = 464.24090).

Aus einer konzentrierten n-Hexanlösung konnten bei Raumtemperatur geeignete Kristalle von **106** für eine Röntgenstrukturanalyse erhalten werden (Abb. 3-46). Die Verbindung kristallisiert in der monoklinen Raumgruppe $P2_1/n$. Das Siliciumzentrum ist verzerrt tetraedrisch koordiniert und die Si-Cl-Bindungslänge beträgt 207.2 pm und ist somit jeweils länger als die beiden Si-Cl-Bindungen in **104** (203.7 bzw. 204.9 pm) und **98a** (205.3 pm;[144] Schema 3-50). Analog zu L$^{2'}$SiCl$_2$ **104** ist auch in L$^{2'}$Si(H)Cl **106** das Ligandenrückgrat (N1-C1-C6-C7-N2) nicht planar. Der N-Si-N-Winkel beträgt 105.4° und die Si-N-Bindungen entsprechen mit einer Länge von 169.3 und 170.0 pm den Bindungsverhältnissen in **104**. Auch kann die Deprotonierung an C2 durch die vergleichsweise kurze C1-C2-Bindung von 133.7 pm, die der Länge einer C=C-Doppelbindung entspricht, bestätigt werden.

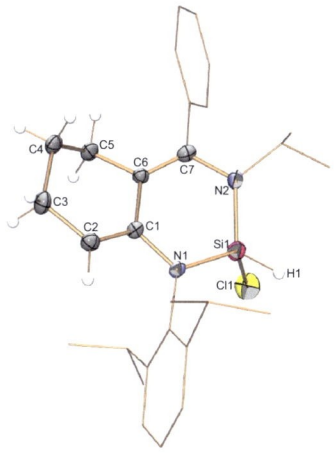

Abb. 3-46 Molekülstruktur von **106**. Die Wasserstoffatome (mit Ausnahme derer, die sich an Si1, C2, C3, C4 und C5 befinden) sind aus Gründen der Übersichtlichkeit nicht abgebildet. Die thermischen Schwingungsellipsoide repräsentieren 50 % der Aufenthaltswahrscheinlichkeit.

Für die anschließende Reduktion von $L^{2'}Si(H)Cl$ **106** wurden Lithium-diisopropylamid, Lithium-bis(trimethylsilyl)amid und das Carben I(t-Bu) als Dehydrochlorierungreagenzien erprobt. Für alle drei Dehydrochlorierungsversuche konnten keine Reaktionen beobachtet werden. Ein weiteres Dehydrochlorierungsexperiment wurde mit dem im Vergleich zu I(t-Bu) weniger sterisch anspruchsvollerem I(Me$_4$) durchgeführt. Für diese Reaktion konnte zunächst eine Reaktion beobachtet werden und die Si-H-Resonanz im ^{1}H-NMR-Spektrum der Reaktionslösung verschwand. Allerdings zeigte das ^{29}Si-NMR-Spektrum ein Signal bei einer Verschiebung von $\delta = -57.3$ ppm, welche der Entstehung eines niedrigvalenten Siliciumatoms widerspricht. Die gleichen Beobachtungen wurden auch für die Dehydrochlorierungsexperimente mit Lithium-tetramethylpiperidid und Kalium-bis(trimethylsilyl)amid gemacht, deren ^{29}Si-NMR-Spektren der entstandenen Produkte Verschiebungen bei $\delta = -32.6$ ppm und -58.6 ppm zeigten.

Tab. 3-18 Ausgewählte Bindungslängen [pm] und Winkel [°] für die Verbindung **106**.

Bindungen	[pm]	Winkel	[°]
Si1-Cl1	207.2(2)	N2-Si1-N1	105.3(2)
Si1-N1	170.0(4)	N1-Si1-Cl1	111.7(1)
Si1-N2	169.3(4)	N2-Si1-Cl1	111.4(2)
N1-C1	141.4(5)	Si1-N1-C1	123.2(3)
N2-C7	142.9(5)	Si1-N2-C7	118.7(3)
C1-C2	133.7(6)	C1-C6-C7	124.2(4)
C5-C6	150.6(6)		
C6-C7	135.0(6)		
C1-C6	149.2(6)		

Zusammenfassend lässt sich feststellen, dass ausgehend vom asymmetrischen β-Diketiminatoliganden **102b** die drei neue Si(IV)-Verbindungen $L^{2'}SiCl_2$ **104**, $L^{2'}SiBr_2$ **105** und $L^{2'}Si(H)Cl$ **106** synthetisiert werden konnten. Somit ist es gelungen neue Vorstufen herzustellen, deren Ligandenrückgrat einen geringeren sterischen Anspruch aufweist als der Ligand **39**, auf dem das Silylen **5** basiert. Allerdings konnten die drei Si(IV)-Vorstufen bislang nicht erfolgreich zu der erwünschten Si(II)-Verbindung reduziert werden.

4 Zusammenfassung

Das β-Diketiminatosilylen **5** zeigt aufgrund seiner zwitterionischen Struktur (Abb. 4-1) eine bemerkenswerte Reaktivität. Eine Reihe an vorausgehenden Untersuchungen konnte zeigen, dass die einzelnen reaktiven Zentren gemeinsam oder unabhängig voneinander angesteuert werden können.

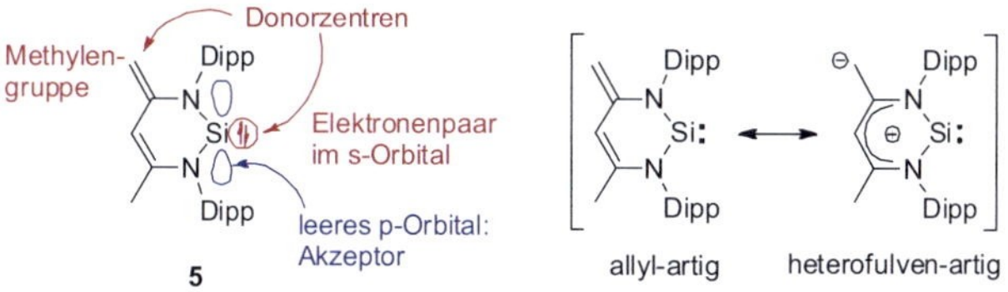

Abb. 4-1 Reaktive Zentren und mesomere Grenzstrukturen des zwitterionischen Silylens **5**.

Ziel dieser Doktorarbeit war es, die Reaktivität und katalytische Aktivität des β-Diketiminatosilylens **5**, insbesondere aber dessen Eigenschaften als Ligand in Übergangsmetallkomplexen, zu untersuchen. Zu Beginn dieser Arbeit wurde zunächst die Reaktivität von NHSi **5** gegenüber den Hydriden der 15. Gruppe untersucht. Aus vorangegangenen Arbeiten war bereits bekannt, dass NH_3 direkt am Siliciumzentrum des Silylens aktiviert wird und eine schnelle, selektive 1,1-Addition stattfindet.[41] Die Reaktion mit PH_3 verläuft ebenfalls selektiv zum 1,1-Additionsprodukt **45**, allerdings deutlich langsamer. Die Umsetzung des Silylens **5** mit AsH_3 liefert durch eine doppelte As–H-Bindungsaktivierung das donorstabilisierte Arsasilen **47b** mit einer einzigartigen HSi=AsH-Einheit, das in Lösung eine reversible Tautomerisierung zum Silylarsan **47a** zeigt (Schema 4-1).[86]

Schema 4-1 Reaktivität des Silylens **5** gegenüber PH_3 und AsH_3.

Für die Reaktionen des Silylens **5** mit HCl und NH$_3$-BH$_3$ konnten jeweils die thermodynamisch stabilen 1,1-Additionsprodukte **42** und **44** isoliert werden (Schema 4-2). Zunächst findet bei tiefen Temperaturen eine 1,4-Addition von HCl zum kinetischen Produkt **41** statt. Aufgrund einer sofortigen Protonenwanderung vom Ligandenrückgrat zum Siliciumzentrum wird im Anschluss das thermodynamisch stabilere 1,1-Additionsprodukt **42** erzeugt.

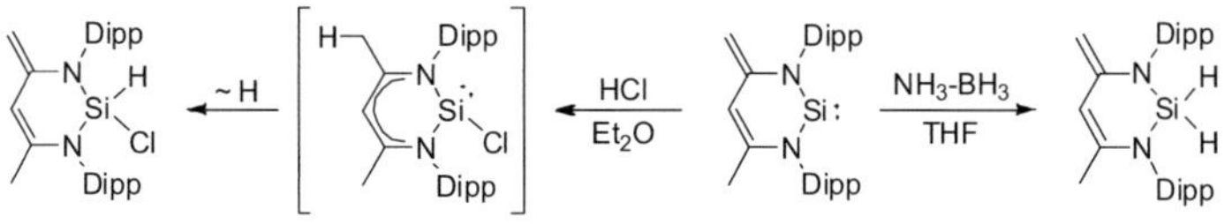

Schema 4-2 Reaktivität des Silylens **5** gegenüber HCl und NH$_3$-BH$_3$.

Aus früheren Arbeiten ist bekannt, dass sich das freie Elektronenpaar am Siliciumzentrum gezielt durch Koordination an ein Nickelzentrum schützen lässt.[40] Der daraus resultierende Silylen-Ni(CO)$_3$-Komplex **29** aktiviert selektiv kleine Moleküle mit dem Silylenligand, während das Ni(CO)$_3$-Molekülfragment und die Si-Ni-Bindung unangetastet bleiben. Nach diesem Vorbild lassen sich auch HCl und Wasserstoff (mit NH$_3$-BH$_3$ als Wasserstoffquelle) selektiv an den Silylenliganden addieren. Dabei werden die beiden 1,4-Addditionsprodukte **57** und **58** gebildet (Schema 4-3).

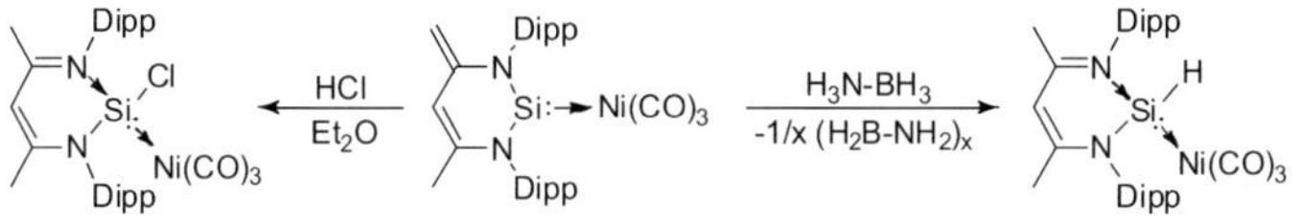

Schema 4-3 Reaktivität des Silylen-Ni(CO)$_3$-Komplexes **29** gegenüber HCl und NH$_3$-BH$_3$.

Auch an der Cl/H-Substitutionsreaktion des Chlorsilylen-Ni(CO)$_3$-Komplexes **57** mit Superhydrid Li[HBEt$_3$] nimmt das Ni(CO)$_3$-Molekülfragment nicht teil. Es wird selektiv das Chloratom am Si-Atom durch den Hydridligand substituiert (Schema 4-4). Somit konnten zwei Synthesewege mit jeweils guten Ausbeuten für einen neuen Silicium(II)hydrid-Nickelkomplex **58** gefunden werden.

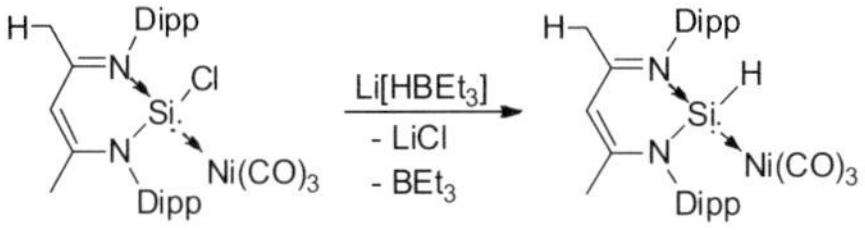

Schema 4-4 Substitutionsreaktion mit LSi(Cl)-Ni(CO)$_3$-Komplex **57** zu LSi(H)-Ni(CO)$_3$-Komplex **58**.

Das Silicium(II)hydrid **58** wurde anschließend in Hydrosilylierungsreaktionen mit Alkinen ohne Zusatz eines exogenen Katalysators getestet. Die Reaktion des Si(II)hydrids **58** mit Diphenylacetylen liefert selektiv das Hydrosilylierungsprodukt **69**, dessen Alkenyleinheit *cis*-konfiguriert vorliegt (Schema 4-5).

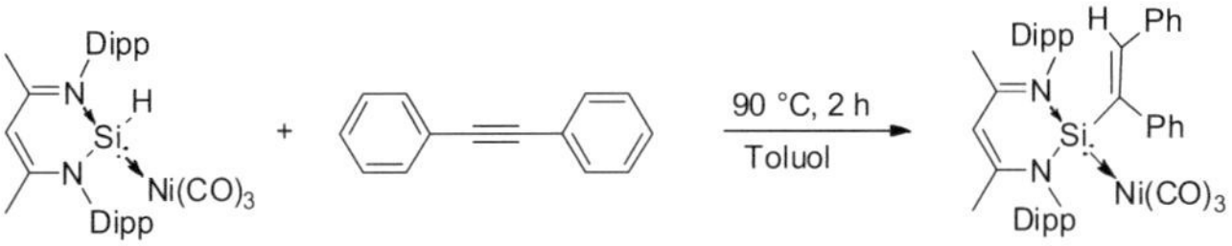

Schema 4-5 Stöchiometrische Hydrosilylierungsreaktion von Alkinen mit Si(II)hydrid **58**.

Um eine bessere Einsicht in den Mechanismus der Hydrosilylierungsreaktion zu bekommen wurden DFT-Berechnungen von Modellverbindungen der möglichen Intermediate durchgeführt, die darauf schließen lassen, dass eine direkte Insertion der C≡C-Dreifachbindung in die Si-H-Bindung des Si(II)hydrids **58** nicht möglich ist. Stattdessen scheint zunächst eine Koordination der C≡C-Dreifachbindung an das Nickelzentrum wahrscheinlich. An die Koordination kann sich die Insertion der C≡C-Dreifachbindung in die Si-H-Bindung anschließen.[122] Somit konnte gezeigt werden, dass das Ni(CO)$_3$-Molekülfragment im Si(II)hydrid-Komplex **58** nicht nur eine Schutzgruppenfunktion besitzt, sondern auch in der Hydrosilylierungsreaktion des Si(II)hydrids eine vermittelnde Rolle spielt. Zusätzlich kann vermutet werden, dass aufgrund des sterischen Anspruchs der Ni(CO)$_3$-Gruppe, sowie durch die Koordination der C≡C-Dreifachbindung an das Ni-Atom im Verlauf der Reaktion, das Ni(CO)$_3$-Fragment für die Stereoselektivität der Reaktion entscheidend ist. Letztendlich kann festgehalten werden, dass die Hydrosilylierung lediglich stöchiometrisch stattfindet und dass keine der bisher hergestellten Übergangsmetallkomplexe, die auf dem β-Diketiminatosilylenliganden basieren, katalytische Aktivitäten zeigen.

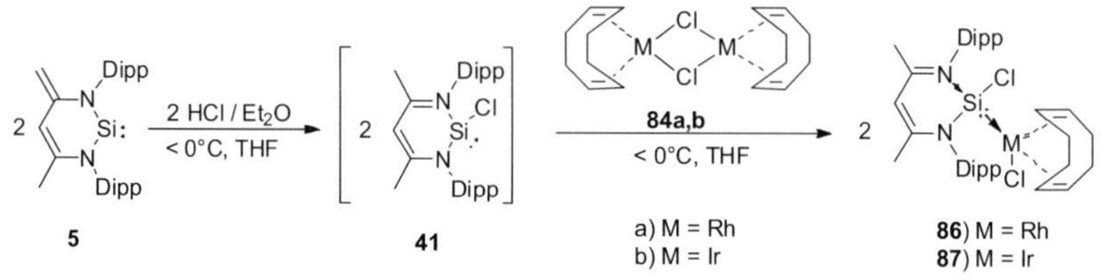

Schema 4-6 Synthesemethode für die Chlorsilylen-Komplexe **86** und **87**.

Für die Synthese neuartiger Übergangsmetallkomplexe basierend auf dem β-Diketiminatosilylen **5** wurde eine neue Methode entwickelt. Da das freie NHSi **5** mit den Chlor-verbrückten Rh- bzw. Ir-Dimerkomplexen des Typs $[M(Cl)cod]_2$ unter milden Bedingungen keine Reaktion eingeht, wurde zunächst die Reaktion von **5** mit HCl durchgeführt. Bei tiefen Temperaturen findet hierbei eine 1,4-Addition zum Intermediat **41** statt. Dieses instabile Chlorsilylen **41** besitzt eine stärkere σ-Donorkapazität als das freie Silylen **5** und ist in der Lage den $[M(Cl)cod]_2$-Komplex (M = Rh, Ir) aufzubrechen und an das entsprechende Metallzentrum zu koordinieren (Schema 4-6). Über diesen Umweg war es möglich, die Chlorsilylen-Komplexe **86** (M = Rh) und **87** (M = Ir) zu synthetisieren. Für die Untersuchungen der katalytischen Aktivität der beiden Chlorsilylen-Komplexe **86** und **87** wurde die Reduktion von Amiden mit Hydrosilanen als Reduktionsmittel mit einer Katalysatorladung von 2.5 mol% durchgeführt (Schema 4-7). Um den Einfluss des Chlorsilylenliganden und des Übergangsmetalls einschätzen zu können, wurden neben den beiden neuen Komplexen **86** und **87** die Vorläuferkomplexe **84a** und **84b** ebenfalls getestet.

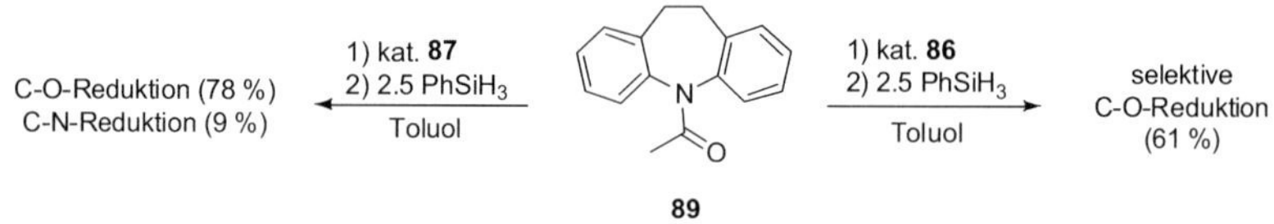

Schema 4-7 Reduktion des organischen Amids **89** mit PhSiH₃ und den Komplexen **86** und **87** als Präkatalysatoren (Reaktionszeit 24 h bei RT)

Vergleicht man den Umsatz der Reduktion nach einer Reaktionsdauer von 24 h, so fällt auf, dass der Chlorsilylen-Rhodiumkomplex **86** als Präkatalysator nur eine etwas höhere katalytische Aktivität (61 %) aufweist als der $[Rh(Cl)cod]_2$-Komplex **84a** (53 %). Der Zusatz an Li[HBEt₃] hemmt die katalytische Aktivität des Komplexes indes, was auf eine

Konkurrenzreaktion zurückzuführen ist. Aufgrund einer Wasserstoffmigration zum cod-Liganden wird der Präkatalysator in dieser Konkurrenzreaktion „zerstört". Überraschenderweise zeigt der Chlorsilylen-Iridiumkomplex **87** eine deutlich höhere katalytische Aktivität (87 %) als der Vergleichskomplex [Ir(Cl)cod]$_2$ **84b** (30 %). Zusätzlich lässt sich feststellen, dass nicht nur der Umsatz höher ist, sondern sich auch die Chemoselektivität durch die Einführung des Chlorsilylenliganden verändert. Neben dem zu 78 % entstandenen C-O-Reduktionsprodukt **90a**, wurden zusätzlich 9 % des C-N-Reduktionsproduktes **90a** gebildet.

Doch nicht nur die katalytischen Aktivitäten der beiden Chlorsilylen-Komplexe **86** und **87** unterscheiden sich voneinander, auch ihr Verhalten gegenüber Nukleophilen ist verschieden. Die Reaktion von Methyllithium mit dem Chlorsilylen-Iridiumkomplex **87** verläuft selektiv (Schema 4-8). Die erste Methylgruppe substituiert das Chloratom am Iridiumzentrum und erst anschließend findet der Cl/CH$_3$-Austausch am Siliciumatom statt. Die analogen Reaktionen mit dem verwandten Rhodiumkomplex **86** hingegen liefern eine Vielzahl an Produkten.

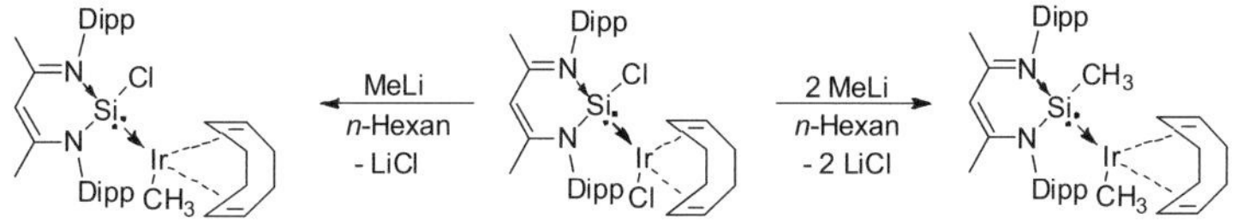

Schema 4-8 Reaktion des Chlorsilylen-Iridiumkomplexes **87** mit ein bzw. zwei Äquivalenten Methyllithium.

Es lässt sich somit festhalten, dass es im Laufe dieser Doktorarbeit gelungen ist, weitere Facetten des bekannten β-Diketiminatosilylens **5** aufzuzeigen. Es konnten zudem die ersten auf dem β-Diketiminatosilylen **5** basierende Übergangsmetallkomplexe synthetisiert werden, die katalytische Aktivität aufweisen. Obwohl die beiden neuen Chlorsilylen-Übergangsmetallkomplexe **86** und **87** auf den ersten Blick sehr ähnlich erscheinen, konnte gezeigt werden, dass sie unterschiedliche Reaktivitäten und katalytische Aktivitäten aufweisen.

Darüber hinaus wurde im letzten Teil der Arbeit der Versuch unternommen ein neues zwitterionisches β-Diketiminatosilylen mit weniger sterisch anspruchsvollem Substituentenmuster zu synthetisieren. Es konnten die drei neue asymmetrischen Si(IV)-Verbindungen $L^{2'}SiCl_2$ **104**, $L^{2'}SiBr_2$ **105** und $L^{2'}Si(H)Cl$ **106** hergestellt werden (Schema 4-9). Die Reduktion der Si(IV)-Vorstufen zu der gewünschten Si(II)-Verbindung war bislang nicht erfolgreich. Dennoch bieten diese Vorstufen **104**, **105** und **106** gute Voraussetzungen, um daraus in Zukunft ein neues Silylen mit asymmetrischem β-Diketiminato-Ligandensystem zu synthetisieren.

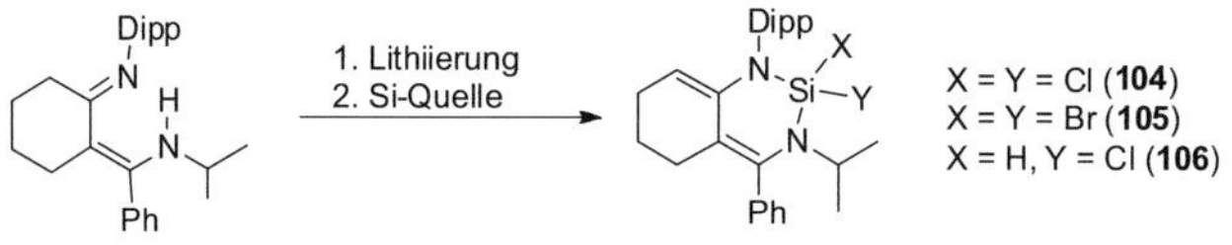

Schema 4-9 Synthese der Si(IV)-Vorstufen $L^{2'}SiCl_2$ **104**, $L^{2'}SiBr_2$ **105** und $L^{2'}Si(H)Cl$ **106** mit $SiCl_4$, $SiBr_4$ oder $HSiCl_3$ als Siliciumquelle.

5   Experimenteller Teil

5.1   Allgemeine Arbeitstechniken

Soweit nicht anders angegeben, wurden alle Arbeiten unter striktem Luft- und Feuchtigkeitsausschluss (Schlenk-Technik und Glovebox der Firma MBraun) durchgeführt. Als Inertgas diente sauerstofffreier und trockner Stickstoff. Die Glasgeräte wurden vor Gebrauch im Vakuum mit einem Bunsenbrenner oder Heatgun ausgeheizt. Die verwendeten Lösungsmittel wurden entweder durch Rückflusskochen mit den entsprechenden Trocknungsmitteln getrocknet und frisch destilliert (n-Hexan, Toluol, Diethylether, THF, Benzol mit Natrium und Dichlormethan mit Calciumhydrid; als Feuchtigkeits-/Sauerstoff-Indikator diente Benzophenon) oder einer Lösungsmitteltrocknungsanlage der Firma MBraun entnommen. Die frisch getrockneten Lösungsmittel wurden anschließend über Molsieb (3 oder 4 Å) gelagert. Reaktionen, die bei tiefen Temperaturen durchgeführt wurden, wurden in einem Kältebad aus Ethanol bzw. Isopropanol mit Trockeneis oder flüssigem Stickstoff gekühlt.

5.2   Analytik

Magnetische Kernresonanzspektroskopie:

Die ^{1}H-, ^{13}C-, ^{29}Si und ^{31}P-NMR-Spektren der entsprechenden Verbindungen wurden an den Spektrometern AV 400 and ARX 200 der Firma Bruker in absolutierten, deuterierten Lösungsmitteln aufgenommen. Die Spektren sind auf das jeweilige deuterierte Lösungsmittel als internen Standard referenziert. Die chemischen Verschiebungen sind auf die folgenden Standards referenziert:

Kern	Frequenz [MHz]		Standard	Verschiebung [ppm]
^{1}H	200	400	C_6D_5H	7.15
^{13}C	50.5	101	C_6D_6	128
^{29}Si	39.8	79.5	$Si(CH_3)_4$	0
^{31}P	81	162	85% wässrige H_3PO_4	0

Die Anzahl der Protonen wurde durch Integration der Signale bestimmt. Die Signalmultiplizitäten werden wie folgt abgekürzt: s = Singulett, d = Dublett, t = Triplett, q = Quartett, sept = Septett, dt = Dublett vom Triplett, m = Multiplett, br = breit, Ar = Aryl, p = para, o = ortho.

IR-Spektroskopie

Die Festkörper-Infrarot-Spektren wurden von entsprechenden KBr-Presslingen mit dem Spectrum 100 FT-IR von der Firma Perkin Elmer aufgenommen. Die Banden sind in Wellenzahlen (cm^{-1}) angegeben. Die Bandenintensitäten sind wie folgt abgekürzt: w = schwach (weak), m = mittel, s = stark, br = breit.

UV/Vis

Die UV/Vis-Spektren wurden an PerkinElmer Lambda 20 Spektrometer in 1 und 10 mm Quarzküvetten aufgenommen.

Elementaranalysen

Elementaranalysen wurden an den Geräten Flash EA 1112 der Firma Thermo Finnigan und HEKAtech EuroEA 3000 durchgeführt. Dabei wurde der relative Massenanteil (in Gewichtsprozent) der Elemente Kohlenstoff, Wasserstoff und Stickstoff bestimmt. Luft- und feuchtigkeitsempfindliche Proben wurden vor der Analyse in einer Glovebox in Zinn- bzw. Silbertiegel eingewogen.

Massenspektren

Die EI-Massenspektren wurden mittels an einem doppel-fokussierenden Sektorfeld Massenspektrometer 311A Varian MAT/AMD durchgeführt. Die Elektronenenergie beträgt 70 eV. Alle vorkommenden Ionenpeaks sind positive Ionen. Die Präparation der luft- und feuchtigkeitsempfindlichen Proben erfolgte in einer Glovebox. Alle Signalintensitäten sind in % angegeben und beziehen sich auf den Basisionenpeak (100 %). Die hochaufgelösten Spektren wurden mit dem Vermerk „HR" für High Resolution gekennzeichnet.

Die ESI-Massenspektren wurden mit der Orbitrap LTQ XL von Thermo Scientific aufgenommen. Die luft- und feuchtigkeitsempfindlichen Proben wurden in THF gelöst und mit einer Spritze bei 5 µl/min direkt eingespritzt.

Die APCI-Massenspektren wurden mit der Orbitrap LTQ XL von Thermo Scientific aufgenommen. Die THF-Lösungen der zu untersuchenden Verbindungen wurden mit einer Spritze direkt mit 40 µl/min eingespritzt. Die CID erfolgte bei einer Spannung von 4.39 kV und einer Verdampfungstemperatur von 282 °C.

GC-MS

Die GC-MS-Messungen wurden an einem Shimadzu GC-2010 Gas-Chromatographen (30 m Rxi-5 ms Säule), gekoppelt an ein Shimadzu GCMA-QP 2010 Plus Massenspektrometer, aufgenommen.

Einkristall-Röntgenstrukturanalysen

Für Röntgenstrukturanalysen geeignete Einkristalle wurden in perfluoriertem Öl auf eine Glaskapillare aufgesetzt und in einem kalten Stickstoffstrom gemessen. Die Daten wurden mit einem Oxford Diffraction Xcalibur S Saphire Gerät (150 K, Mo-Kα-Strahlung mit einem Graphit-Monochromator, λ = 0.7103 Å) bzw. SuperNova (Cu-Kα-Strahlung, λ = 1.5418 Å) aufgenommen. Die Lösung der Strukturen erfolgte durch direkte Methoden und wurde mit dem SHELX-97 Software Paket gegen F^2 verfeinert. Die Verfeinerung der Nicht-Wasserstoffatome erfolgte anisotrop. Die Position der Wasserstoffatome wurde, soweit nicht anders angegeben, in geometrisch optimierten Positionen berechnet und isotrop verfeinert.

5.3   Ausgangsverbindungen

5.3.1   Silylen L'Si 5

Das Silylen **5** wird nach Literaturbeschreibung[16] hergestellt:

Der β-Diketiminatoligand **39** wird zunächst mit *n*-Butyllithium deprotoniert und anschließend mit SiBr$_4$ und TMEDA als Hilfsbase gemäß der Literatur in ein Dibromsilan überführt wird. Zu einer Lösung des Dibromsilans (17.3 g, 28.6 mmol) in 150 ml THF werden bei −40 °C 2.5 Äq. KC$_8$ (9.7 g, 71.5 mmol) gegeben. Die Reaktionslösung wird langsam auf RT erwärmt und für ca. 1 h gerührt. Die Vollständigkeit der Umsetzung wird mittels ^{1}H-NMR-Spektroskopie überprüft. Anschließend werden alle flüchtigen Bestandteile im Vakuum entfernt, der Reaktionsrückstand mit *n*-Hexan extrahiert: Das Silylen **5** wird aus der *n*-Hexanlösung kristallisiert.

5.3.2   L'Si-Ni(CO)₃ 29

Das L'Si-Ni(CO)₃ **29** wird in Anlehnung an die Literaturvorschrift[65] dargestellt:

Silylen **5** (3.1 g, 6.9 mmol) und [Ni(cod)₂] (1.6 g, 5.8 mmol) werden bei −30 °C in Toluol gelöst und über Nacht bei RT gerührt. Die flüchtigen Bestandteile werden im Vakuum entfernt, der Rückstand in *n*-Hexan aufgenommen, filtriert und auskristallisiert. Der auskristallisierte L'Si-Ni(toluol)-Komplex **28** (2.0 g, 3.4 mmol) wird wiederum in Toluol gelöst. Der Reaktionskolben wird in flüssigem Stickstoff eingefroren, evakuiert und mit CO-Gas geflutet. Während die Reaktionslösung langsam auf Raumtemperatur erwärmt wird, färbt sich die rote Lösung gelb und die flüchtigen Bestandteile können im Vakuum entfernt werden. Die Reaktion verläuft quantitativ.

5.3.3   L²H 102b

Der asymmetrische Ligand L²H **102b** (L² = DippN=C(Cy)=C(Ph)N*i*-Pr) wird in Anlehnung an die Literaturvorschrift[141] hergestellt:

Zu einer Lösung von *N*-cyclohexyliden-2,6-diisopropylanilin[143] (15.0 g, 58.3 mmol) in 100 ml Diethylether werden langsam 25.6 ml einer *n*-BuLi-Lösung (2.5 M in *n*-Hexan, 64.1 mmol, 1.1 Äq.) bei −78 °C hinzugetropft. Das Reaktionsgemisch wird langsam auf Raumtemperatur erwärmt und über Nacht gerührt. Eine Lösung aus *N*-Isopropyl-benzimidoylchlorid[145] (10.6 g, 58.3 mmol) in Diethylether wird rasch bei −78 °C in die Reaktionsmischung gegeben, zunächst 2 h bei Raumtemperatur gerührt und anschließend 1 h refluxiert. Alle flüchtigen Bestandteile werden im Vakuum entfernt und der Rückstand mit warmen *n*-Hexan extrahiert und anschließend bei −30 °C kristallisiert.

CO, AsH₃, PH₃ wurde von AirLiquid bezogen und ohne weitere Aufreinigung eingesetzt.

5.4 Darstellung neuer Verbindungen

5.4.1 L'Si(H)Cl 42

Zu einer Lösung aus Silylen **5** (320 mg, 0.72 mmol) in Et$_2$O (15 ml) wird bei −40 °C eine HCl-Et$_2$O-Lösung (1.56 M, 0.46 ml, 0.72 mmol) zugetropft. Die Reaktionsmischung wird bei Raumtemperatur vier Stunden gerührt und anschließend filtriert. Die flüchtigen Bestandteile des Filtrats werden im Vakuum entfernt und das Produkt **42** als gelber Feststoff isoliert.

Ausbeute: 210 mg (0.44 mmol, 61 %)

^{1}H-NMR	(400 MHz, C$_6$D$_6$, 25 °C): δ = 1.12 ppm, 1.14, 1.20, 1.22, 1.29, 1.31, 1.33, 1.38 (jeweils d, ^3J(H,H) = 6.8 Hz, 3H, CH*Me*$_2$), 1.42 (s, 3H, *Me*), 3.41 (s, 1H, C*H*H'), 3.45, 3.65 (jeweils sept, ^3J(H,H) = 6.8 Hz, 2H, C*H*Me$_2$), 3.97 (s, 1H, CH*H'*), 5.30 (s, 1H, γ-*H*), 5.59 (s, 1H, Si-*H*, ^1J(Si,H) = 304 Hz), 6.98 – 7.23 (m, 6H, C*H*$_{Ar}$);
^{13}C{^{1}H}-NMR	(101 MHz, C$_6$D$_6$, 25 °C): δ = 21.5 ppm (*Me*), 24.3, 24.7, 24.9, 25.2, 25.5, 26.1, 26.2 (CH*Me*$_2$), 28.3, 28.6, 28.7, 28.8 (*C*HMe$_2$), 87.6 (N*C*CH$_2$), 104.1 (γ-*C*), 124.5, 125.0, 125.5, 128.6, 129.3, 133.9, 134.7 (*C*$_{Ar}$), 140.7 (N*C*Me), 147.3 (NC*C*H$_2$), 147.9, 148.5, 159.4, 159.5 (*C*$_{Ar}$);
^{29}Si{^{1}H}-NMR	(79.5 MHz, C$_6$D$_6$, 25 °C): δ = −36.0 ppm (^1J(Si,H) = 304 Hz);
IR (KBr, cm^{-1})	ν = 3066 (w), 2957 (s), 2928 (s), 2867 (s), 2238 (br, Si-H), 1729 (w), 1562 (s), 1466 (s), 1361 (s), 1323 (s), 1242 (s);
EI-MS	m/z (%) = 480 (4) [M$^+$], 465 (100) [M$^+$−Me];
EI-MS (HR)	m/z 480.27045 (soll: 480.27221; Δ = 3.7 ppm).

5.4.2 L'SiH$_2$ 44

Zu einer Lösung aus Silylen **5** (50 mg, 0.11 mmol) in THF (5 ml) wird bei −40 °C Amminboran (NH$_3$-BH$_3$, 3.5 mg, 0.11 mmol) zugegeben. Die Reaktionsmischung wird langsam auf Raumtemperatur erwärmt, unlösliche Nebenprodukte werden abfiltriert und flüchtige Bestandteile anschließend im Vakuum entfernt. Der Rückstand wird in *n*-Hexan gelöst und ergibt nach Kristallisation bei −30 °C farblose Kristalle.

Ausbeute: 26 mg (0.06 mmol, 53 %)

^{1}H-NMR	(200.13 MHz, C_6D_6, 25 °C): δ = 1.14 ppm, 1.22, 1.29, 1.34 (jeweils d, ^3J(H,H) = 6.9 Hz, 6H, CH*Me$_2$*), 1.47 (s, 3H, *Me*), 3.44 (s, 1H, C*H*H′), 3.53, 3.57 (jeweils sept, ^3J(H,H) = 6.9 Hz, 2H, C*H*Me$_2$), 4.00 (s, 1H, CH*H*′), 5.01 (s, ^1J(Si,H) = 117 Hz, 2H, Si-*H*), 5.29 (s, 1H, γ-*H*), 6.99 – 7.27 (m, 6H, C*H*$_{Ar}$);
^{13}C{^{1}H}-NMR	(100.6 MHz, C_6D_6, 25 °C): δ = 21.7 ppm (*Me*), 24.6, 25.5, 26.0, 26.1 (CH*Me$_2$*), 28.7, 28.9 (*C*HMe$_2$), 85.9 (NC*C*H$_2$) 102.5 (γ-*C*), 125.5, 128.7, 128.9, 135.2, 135.9, 141.8, 148.3, 149.3, 149.3 (*C$_{Ar}$*, N*C*Me);
^{29}Si{^{1}H}-NMR	(79.5 MHz, C_6D_6, 25 °C): δ = −39.1 ppm;
Schmelzpunkt	145 °C;
IR (KBr)	ν (cm^{-1}) = 3058 (w), 2964(s), 2924 (s), 2866 (s), 2168 (s, Si-H), 2135 (s, Si-H), 1635, 1444, 1381, 1356, 1207;
ESI-MS	*m/z* (%) = 447 (100) [M$^+$], 419 (11) [M$^+$−Si];
Elementaranalyse	ber. (%) für $C_{29}H_{42}N_2Si$: C 77.97, H 9.48, N, 6.27. Gef.: C 77.79, H 9.24, N 6.24.

5.4.3   L'Si(H)PH$_2$ 45

Eine Lösung aus Silylen **5** (500 mg, 1.12 mmol) in Toluol (20 ml) wird in einem Schlenkrohr vorgelegt (ungefähres Volumen: 500 ml) und evakuiert. Der Reaktionskolben wird mit einem Überschuss an PH$_3$ begast (ungefähr 22 mmol, 20 Äq.) und bei Raumtemperatur mehrere Tage gerührt bis die charakteristische Gelbfärbung des Silylens **5** verschwunden ist. Alle flüchtigen Bestandteile werden im Vakuum entfernt und der farblose bis leicht braune Rückstand wird in einer minimalen Menge an *n*-Hexan gelöst und nach wenigen Tagen bei −30 °C kann das Produkt als farbloses mikrokristallines Pulver isoliert werden.

Ausbeute: 423 mg (0.88 mmol, 79 %)

^{1}H-NMR	(400.13 MHz, C_6D_6, 25 °C): δ = 0.76, 0.81 (jeweils ddd, ^1J(P,H) = 187 Hz, ^2J(H,H') = 12 Hz, ^3J(H,H) = 2 Hz, 1H, P*H*H'), 1.12, 1.15, 1.21, 1.26, 1.33, 1.35, 1.37, 1.39 (jeweils d, ^3J(H,H) = 7 Hz, 3H, CH*Me$_2$*), 1.49 (s, 3H, *Me*), 3.33 (sept, ^3J(H,H) = 7 Hz, 1H, C*H*Me$_2$), 3.43 (s, 1H, C*H*H'), 3.47, 3.65, 3.72 (jeweils sept, ^3J(H,H) = 7 Hz, 1H, C*H*Me$_2$), 4.04

	(s, 1H, CHH'), 5.34 (s, 1H, γ-H), 6.20 (dt, ^2J(P,H) = 23 Hz, ^3J(H,H) = 2 Hz, ^1J(Si,H) = 240 Hz, 1H, Si-H), 6.98 – 7.22 (m, 6H, H_{Ar});
^{13}C{^{1}H}-NMR	(100.6 MHz, C$_6$D$_6$, 25°C): δ = 21.7 (Me), 24.0, 24.2 (d), 24.6 (d), 24.9, 25.7, 26.0, 26.0, 26.2 (CHMe), 28.4, 28.6, 28.8, 28.9 (CHMe), 86.9 (C=CH$_2$), 103.9 (γ-C), 124.3, 124.4, 124.6, 125.0, 128.2, 128.2, 136.5, 137.0, 142.1, 148.0, 148.4, 148.6, 148.7, 149.1 (C_{Ar}, NCMe);
^{29}Si{^{1}H}-NMR	(79.5 MHz, C$_6$D$_6$, 25 °C): δ = −18.5 (d, ^1J(P,Si) = 8.6 Hz);
^{31}P-NMR	(81 MHz, C$_6$D$_6$, 25 °C): δ = −257.8 (td, ^1J(P,H) = 187 Hz, ^2J(P,H) = 23 Hz);
UV/Vis (n-Hexan)	λ_{max}(ε) = 290;
Schmelzpunkt	151 °C;
IR (KBr)	ν (cm^{-1}) = 2962 (s), 2862 (m), 2291 (w, P-H), 2121 (m, Si-H), 1628 (s), 1441 (s), 1379 (s), 1352 (s), 1253 (s), 1204 (s), 1066 (s), 979 (s), 802 (s), 759 (s), 599 (s);
Elementaranalyse	ber. (%) für C$_{29}$H$_{43}$N$_2$PSi: C 72.8, H 9.1, N 5.9. Gef.: C 72.7, H 9.0, N 5.8.

5.4.4   L'Si(H)AsH$_2$ 47a

Das Zwischenprodukt **47a**, das während der Reaktion zu **47b** entsteht, lässt sich nicht isolieren, allerdings im NMR-Experiment eindeutig beobachten:

a) Eine NMR-Probe des Silylens **5** (20 mg) in d$_8$-Toluol wird bei −78 °C mit einem leichten Überschuss an AsH$_3$ (2 ml) versetzt. Ohne die Probe aufzuwärmen wird diese in den Magneten überführt. Anschließend wird die Probe in 5°-Schritten aufgewärmt und bei der jeweiligen Temperatur ein ^{1}H-NMR-Spektrum aufgenommen. Die Bildung der Verbindung **47a** kann ab einer Temperatur von −50 °C beobachtet werden. Bei −30 °C wurde der Aufwärmvorgang unterbrochen und nach 10 min bei dieser Temperatur enthielt die Probe die Verbindungen **44**, **47a** und **47b** in einem Verhältnis von 5:4:1. Die Probe wurde dem Magneten entnommen und nach 5 min an Raumtemperatur ein weiteres ^{1}H-NMR-Spektrum an einem weiteren NMR-Gerät bei Raumtemperatur aufgenommen. Das Verhältnis der Verbindungen **47a** und **47b** war zu diesem Zeitpunkt 7:3.

b) Kinetische Untersuchungen: Eine NMR-Probe des Arsasilens **47b** (20 mg) wurde in 0.7 ml C$_6$D$_6$ gelöst. Über einen Zeitraum von 2.5 Tagen wurde jede 60 min ein ^{1}H-NMR-Spektrum aufgenommen. Die höchste Konzentration Silylarsans **47a** wurde im vierten Experiment beobachtet, dementsprechend 200 min nachdem die Probe gelöst wurde.

c) Um die ^{29}Si-NMR-Verschiebung der Verbindung **47a** zu bestimmen, wurde eine NMR-Probe der Verbindung **47a** in 0.8 ml d$_8$-Toluol gelöst und für 4 h bei RT gelagert. Anschließend wurde die Probe auf −47 °C abgekühlt um einen Zerfall der Probe zu stoppen.

^{1}H-NMR (400.16 MHz, C$_6$D$_6$, 25 °C): δ = 0.41, 0.45 (jeweils dd, ^2J(H,H) = 14 Hz, ^3J(H,H) = 1.6 Hz, 1H, AsH*H*'), 3.32 (sept, ^3J(H,H) = 8 Hz, 2H, C*H*Me$_2$), 3.46 (s, 1H, C=C*H*H'), 3.74 (sept., ^3J(H,H) = 8 Hz, 2H, C*H*Me$_2$), 4.06 (s, 1H, C=CH*H*'), 5.31 (s, 1H, γ-*H*), 6.64 (t, ^3J(H,H) = 1.6 Hz, 1H, SiH, ^1J(Si,H) = 244 Hz), 6.98 – 7.22 (m, 6H, H$_{Ar}$) und zusätzliche Resonanzen der Verbindungen **44** und **47b**;

^{29}Si{^{1}H}-NMR (79.49 MHz, d$_8$-Toluol, −47 °C): δ = −18.8 ppm, und die Resonanz der Verbindung **47b** (17.4 ppm).

5.4.5 LSi(H)AsH 47b

Eine Lösung aus Silylen **5** (400 mg, 0.90 mmol) in Toluol (20 ml) wird in einem Schlenkrohr vorgelegt und auf −78 °C abgekühlt. Ungefähr 1.2 Äquivalente an AsH$_3$ (24 mL, 1.08 mmol) werden mit einer Spritze zugegeben und die Reaktionsmischung innerhalb 1 h auf Raumtemperatur erwärmt. Alle flüchtigen Bestandteile werden im Vakuum entfernt, der dunkelblaue Rückstand mit Toluol extrahiert und filtriert. Kristallisation bei −30 °C ergab des Produktes **47b** in Form dunkelblauer Plättchen.

Ausbeute: 227 mg (0.43 mmol, 48 %)

^{1}H-NMR (400.13 MHz, C$_6$D$_6$, 25 °C): δ = −2.22 (d, ^3J(H,H) = 6.7 Hz, AsH), 1.04, 1.13, 1.46, 1.52 (jeweils d, ^3J(H,H) = 7 Hz, 6H, CH*Me$_2$*), 1.42 (s, 6H, *Me*), 2.96, 3.31 (jeweils sept, ^3J(H,H) = 7 Hz, 2H, C*H*Me$_2$), 4.95 (s, 1H, γ-*H*), 6.77 (d, ^3J(H,H) = 6.7 Hz, ^1J(Si,H) = 213 Hz, Si*H*), 6.96 – 7.11 (m, 6H, H$_{Ar}$);

$^{13}C\{^1H\}$-NMR	(101 MHz, C_6D_6, 25 °C): δ = 23.7, 24.1, 24.4, 24.5, 26.0 (Me), 29.2, 29.6 (CH*Me*$_2$), 100.7 (γ-*C*), 124.5, 124.8, 128.5, 138.5, 143.6, 146.1, 171.4 (C_{Ar}, N*C*Me);
$^{29}Si\{^1H\}$-NMR	(79.5 MHz, C_6D_6, 25 °C): δ = 17.6;
Schmelzpunkt	115 °C;
UV/Vis (Toluol)	$\lambda_{max}(\varepsilon)$ = 590 (246, b = 250 nm), 367 nm (3670);
IR (KBr)	ν (cm^{-1}) = 2961 (s), 2867 (m), 2088 (m, Si–H), 2041(w, As–H), 1541(s), 1441(s), 1363(s), 1318 (s), 1104 (m), 792 (s), 731 (s), 567 (m);
Elementaranalyse	ber. (%) für $C_{29}H_{42}N_2Si \cdot C_7H_8$: C 70.3, H 8.4, N 4.6. Gef.: C 70.5, H 8.3, N 4.8.

5.4.6   LSi(Cl)-Ni(CO)$_3$ 57

Zu einer Lösung von L'Si-Ni(CO)$_3$ **29** (400 mg; 0.68 mmol) in 20 ml Toluol werden bei −60 °C 0.34 ml einer HCl-Et$_2$O-Lösung (2 M, 0.68 mmol) hinzugegeben. Die gelbe Reaktionslösung wird im Kältebad langsam aufgewärmt. Das Reaktionsgemisch wird filtriert und das Filtrat eingeengt. Bei −30 °C kann das Produkt in Form gelber Kristalle isoliert werden.

Ausbeute: 224 mg (0.36 mmol, 53 % isoliert).

^1H-NMR	(400 MHz, C_6D_6, 25 °C): δ = 0.91 ppm, 1.13, 1.35, 1.50 (jeweils d, ^3J(H,H) = 6.8 Hz, 6H, CH*Me*$_2$), 1.50 (s, 6H, *Me*), 3.09, 3.83 (jeweils sept, ^3J(H,H) = 6.8 Hz, 2H, C*H*Me$_2$), 5.30 (s, 1H, γ-*H*), 7.09 – 7.19 (m, 6H, C*H*$_{Ar}$);
$^{13}C\{^1H\}$-NMR	(101 MHz, C_6D_6, 25 °C): δ = 23.9 ppm (*CH*$_3$), 24.0, 24.1, 24.7, 26.4 (CH*Me*$_2$), 28.8, 29.6 (*C*HMe$_2$), 104.8 (γ-*C*), 124.8, 125.9, 129.2, 139.3, 143.5, 147.1 (C_{Ar}), 169.1 (N*C*CH$_3$), 198.4 (*C*O);
$^{29}Si\{H\}$-NMR	(79.5 MHz, C_6D_6, 25 °C): δ = 44.4 ppm;
Zersetzungspunkt	179 °C;
IR (KBr)	ν (cm^{-1}) = 2972 (w), 2057 (s, CO), 1978 (s, CO), 1543 (w), 1362 (w), 1314 (w), 1245 (w), 801 (w);

MS-APCI	m/z (%) = 567 (2) $[M^+-2CO]$, 539 (3) $[M^+-3CO]$, 481 (100)
	$[M^+-Ni(CO)_3]$, 446 (11) $[M^+-Ni(CO)_3-Cl]$, 445 (38)
	$[M^+-Ni(CO)_3-HCl]$;
Elementaranalyse	ber. (%) für $C_{32}H_{41}ClN_2NiO_3Si$: C 61.60, H 6.62, N 4.49. Gef.: C 62.11,
	H 6.50, N 4.50.

5.4.7 LSi(H)-Ni(CO)₃ 58

A) Zu einer Lösung von LSi(Cl)Ni(CO)₃ **57** (162 mg, 0.26 mmol) in Toluol (20 mL) wird bei −40 °C eine Li[HBEt₃]-THF-Lösung (1 M, 0.28 ml, 0.28 mmol, 1.1 Äq.) hinzugetropft und langsam auf Raumtemperatur erwärmt. Das entstehende Lithiumsalz wird abfiltriert und alle flüchtigen Bestandteile im Vakuum entfernt. Der Rückstand wird mit *n*-Hexan extrahiert und das Filtrat umkristallisiert. Bei −30 °C kann das Produkt **58** in Form gelber Kristalle erhalten werden.

Ausbeute: 75 mg (0.128 mmol, 49 %)

alternativer Syntheseweg aus LSi(H)-Ni(CO)₃ 29:

B) Eine Lösung von L'Si-Ni(CO)₃ **29** (306 mg, 0.52 mmol) in Toluol (15 ml) wird bei −40 °C zu einer Suspension aus NH₃-BH₃ (16 mg, 0.52 mmol) in Toluol (10 ml) gegeben. Die Reaktionsmischung wird langsam auf Raumtemperatur erwärmt und 2 h gerührt. Anschließend werden alle flüchtigen Bestandteile im Vakuum entfernt. Der Rückstand wird in *n*-Hexan (20 ml) gelöst und filtriert. Kristallisation bei −30 °C liefert das Produkt **58** in Form gelber Kristalle.

Ausbeute: 155 mg (0.26 mmol, 51 %)

¹H-NMR	(200 MHz, C₆D₆, 25°C): δ = 0.99 ppm, 1.06 (jeweils d, ^3J(H,H) = 6.9 Hz,
	6H, CH*Me₂*) 1.33, 1.36 (jeweils d, ^3J(H,H) = 6.6 Hz, 6H, CH*Me₂*), 1.40
	(s, 6H, Me), 3.00, 3.17 (jeweils sept, ^3J(H,H) = 6.8 Hz, 2H, C*H*Me₂),
	5.06 (s, 1H, γ-*H*), 6.09 (s, 1H, Si-*H*, ^1J(Si,H) = 154 Hz), 6.99 − 7.17 (m,
	6H, C*H*Ar);

^{13}C{H}-NMR	(50 MHz, C$_6$D$_6$, 25°C): δ = 23.1 ppm (*Me*), 23.8, 24.1, 24.9 (CH*Me$_2$*), 29.0 (*C*HMe$_2$), 101.8 (γ-*C*), 124.4, 124.6, 130.0, 140.1, 142.7, 146.1 (*C*$_{Ar}$), 171.5 (N*C*CH$_3$), 199.6 (*C*O);
^{29}Si{H}-NMR	(79.5 MHz, C$_6$D$_6$, 25°C): δ = 45.1 ppm;
Zersetzungspunkt	186 °C;
IR (KBr)	ν(CO) = 1957, 1971, 2042;
MS-APCI	*m/z* (%) = 559 (74) [M$^+$–CO–H$_2$], 533 (100) [M$^+$–2CO], 505 (38) [M$^+$–3CO], 447 (66) [M$^+$–Ni(CO)$_3$], 445 (46) [HLSi]$^+$, 419 (54) [M$^+$–Ni(CO)$_3$–Si];
Elementaranalyse	ber. (%) für C$_{32}$H$_{42}$N$_2$NiO$_3$Si: C 65.20, H 7.18, N 4.75. Gef.: C 64.82, H 7.03, N 4.53.

5.4.8 LSi(Z-diphenylalkenyl)-Ni(CO)$_3$ 69

Eine Lösung von LSi(H)-Ni(CO)$_3$ **58** (80 mg, 0.14 mmol) und Diphenylacetylen (24 mg, 0.14 mmol) in Toluol (20 mL) wird für zwei Stunden bei 90 °C gerührt. Nachdem die Reaktionsmischung auf Raumtemperatur abgekühlt wurde, werden die unlöslichen Nebenprodukte durch Filtration entfernt. Die flüchtigen Bestandteile des Filtrats werden entfernt und der Rückstand in wenig *n*-Hexan gelöst und bei –30 °C umkristallisiert. Das Produkt **69** konnte in Form orangefarbener Kristalle isoliert werden.

Ausbeute: 25 mg (0.26 mmol, 23 %)

^{1}H-NMR	(200 MHz, C$_6$D$_6$, 25 °C): δ = 1.00 ppm, 1.17 (jeweils d, ^3J(H,H) = 6.8 Hz, 6H, CH*Me$_2$*), 1.38 (d, ^3J(H,H) = 6.6 Hz, 12H, CH*Me$_2$*), 1.38 (s, 6H, *Me*), 3.09 (sept, ^3J(H,H) = 6.8 Hz, 2H, C*H*Me$_2$), 3.40 (sept, ^3J(H,H) = 6.6 Hz, 2H, C*H*Me$_2$), 4.59 (s, 1H, γ-*H*), 6.84-7.32 (m, 16H, *H*$_{Ar}$), 8.14 (s, 1H, *H*$_{Alken}$);
^{13}C{^{1}H}-NMR	(50 MHz, C$_6$D$_6$, 25 °C): δ = 24.4 ppm, 24.5, 24.6, 25.1, 25.6 (*Me*), 28.5, 28.7 (*C*HMe$_2$), 107.9 (γ-*C*), 125.1, 125.4, 128.3, 128.4, 130.4, 131.6, 138.2, 141.1, 144.1 (*C*$_{Ar}$, Si-*C*), 146.5 (*H*C=C), 169.7 (N*C*Me), 200.5 (*C*O);
^{29}Si{^{1}H}-NMR	(79.5 MHz, C$_6$D$_6$, 25 °C): δ = 65.0 ppm;

IR (KBr)	v = 3062 (w), 2967 (s), 2862 (s), 2042 (s, CO), 1957 (s, CO), 1538 (s),
	1381 (s), 1352 (s), 1019 (s);
MS-APCI	m/z (%) = 711 (27) [M^+–2CO], 683 (5) [M^+–3CO], 625 (43)
	[M^+–Ni(CO)$_3$].

5.4.9 LSi(Z-p-tolylphenylalkenyl)-Ni(CO)$_3$ 70a,b

Eine Lösung von LSi(H)-Ni(CO)$_3$ **58** (20 mg, 0.035 mmol) und p-Tolylphenylacetylen (7 mg, 0.035 mmol) wurden in 0.7 ml C$_6$D$_6$ für 24 h bei 90 °C gehalten. Alle flüchtigen Bestandteile werden nach Erreichen von RT im Vakuum entfernt, der Rückstand in n-Hexan gelöst und die unlöslichen Nebenprodukte abfiltriert. Das orangefarbene Produkt ist eine Mischung aus den Isomeren **70a** und **70b** in einem Verhältnis von 52:48.

¹H-NMR	(200 MHz, C$_6$D$_6$, 25 °C): δ = 1.01 ppm (d, 1.17 ^3J(H,H) = 6.8 Hz, 12H,
	CHMe_2), 1.19, 1.20 (jeweils d, ^3J(H,H) = 6.8 Hz, 6H, CHMe_2), 1.40 (d,
	24H, CHMe_2), 1.40 (s, 12H, Me), 1.92 (p-Me_a), 2.20 (p-Me_b), 3.10 (sept,
	^3J(H,H) = 6.8 Hz, 2H, CHMe$_2$), 3.11 (sept, ^3J(H,H) = 6.8 Hz, 2H,
	CHMe$_2$), 4.01 (4H, CHMe$_2$), 4.60 (s, 1H, γ-H_a), 4.61 (s, 1H, γ-H_b), 6.74
	– 7.36 (m, 32H, H_{Ar}), 8.14 (s, 2H, H_{Alken});
²⁹Si{¹H}-NMR	(79.5 MHz, C$_6$D$_6$, 25°C): δ = 64.9 ppm.

5.4.10 LSi(Cl)-Rh(Cl)cod 86

Zu einer Lösung aus Silylen **5** (250 mg, 0.56 mmol, 2.5 Äq.) und dem [Rh(Cl)cod]$_2$-Komplex **84a** (111 mg, 0.23 mmol) in THF (20 mL) wird bei −40 °C eine HCl-Et$_2$O-Lösung (1.56 M, 0.36 mL, 0.56 mmol, 2.5 Äq.) getropft. Die Reaktionsmischung wird für vier Stunden bei -10 °C gerührt und anschließend langsam aufgewärmt. Die unlöslichen Nebenprodukte werden abfiltriert und die flüchtigen Bestandteile des Filtrats im Vakuum entfernt. Der Rückstand wird mit einer kleinen Menge kalten n-Hexans (0 °C) gewaschen. Der verbliebene Rückstand wird in n-Hexan gelöst und bei −30 °C das Produkt **86** in Form roter Kristalle erhalten.

Ausbeute: 228 mg (0.32 mmol, 70 %)

¹H-NMR	(400 MHz, C₆D₆, 25 °C): δ = 1.00 ppm, 1.09 (jeweils d, ^3J(H,H) = 6.7 Hz, 6H, CH*Me₂*), 1.53 (s, 6H, *Me*), 1.63 (d, ^3J(H,H) = 6.7 Hz, 12H, CH*Me₂*), 1.59 – 1.86 (m, 8H, cod-C*H₂*), 3.44 (br, 2H, cod-C*H*), 3.53 (sept, ^3J(H,H) = 6.7 Hz, 4H, C*H*Me₂), 5.30 (s, 1H, γ-*H*), 5.46 (br, 2H, cod-C*H*), 7.06 – 7.17 (m, 6H, C*H*ₐᵣ);
¹³C{¹H}-NMR	(50 MHz, C₆D₆, 25 °C): δ = 23.7 ppm (*Me*), 24.6, 24.7, 24.7, 25.5 (CH*Me₂*), 27.2 (cod-CH₂), 28.6, 29.8 (*C*HMe₂), 33.5 (cod-CH₂), 65.9 cod-CH, ^1J(Rh,C) = 13.5 Hz), 105.5 (γ-*C*), 112.1 (cod-CH, ^1J(Rh,C) = 4.5 Hz), 124.5, 124.6, 128.0, 128.6, 139.5, 145.3, 146.1 (*C*ₐᵣ), 169.2 (N*C*CH₃);
²⁹Si{¹H}-NMR	(79.5 MHz, C₆D₆, 25 °C): δ = –1.03 ppm (d, ^1J(Si,Rh) = 128 Hz);
Zersetzungspunkt	188 °C;
MS-EI	*m/z* (%) 726 (4) [M]⁺, 481 (20) [M⁺–Rh(Cl)cod], 418 (35 %) [M⁺–Si–Cl–Rh(Cl)cod];
MS-EI (HR)	*m/z* 726.23724 (soll: 726.24046, Δ = 4.4ppm).

5.4.11 LSi(Cl)-Ir(Cl)cod 87

Zu einer Lösung aus Silylen **5** (300 mg, 0.67 mmol, 2 Äq.) und dem [Ir(Cl)cod]₂-Komplex **84b** (227 mg, 0.34 mmol) in THF (20 ml) wird bei –40 °C eine HCl-Et₂O-Lösung (1.56 M, 0.43 mL, 0.67 mmol, 2 Äq.) getropft. Die Reaktionsmischung wird über Nacht bei Raumtemperatur gerührt und die unlöslichen Nebenprodukte abfiltriert. Die flüchtigen Bestandteile des Filtrats werden im Vakuum entfernt und der verbleibende Rückstand in *n*-Hexan gelöst. Bei –30 °C kristallisiert das rote Produkt **87** aus.

Ausbeute: 353 mg (0.43 mmol, 64 %)

¹H-NMR	(200 MHz, C₆D₆, 25 °C): δ = 1.02 ppm, 1.12 (jeweils d, ^3J(H,H) = 6.8 Hz, 6H, CH*Me₂*), 1.57 (s, 6H, *Me*), 1.63, 1.66 (jeweils d, ^3J(H,H) = 6.6 Hz, 6H, CH*Me₂*), 1.30 – 1.75 (m, 8H, cod-C*H₂*), 3.21 (br, 2H, cod-C*H*), 3.45, 3.57 (jeweils sept, ^3J(H,H) = 6.8 Hz, 6.6 Hz, 2H, C*H*Me), 5.04 (br, 2H, cod-C*H*), 5.37 (s, 1H, γ-*H*), 7.10 – 7.25 (m, 6H, C*H*ₐᵣ);
¹³C{¹H}-NMR	(50 MHz, C₆D₆, 25 °C): δ = 24.5 ppm (*Me*), 25.2, 25.5, 25.6, 26.4 (CH*Me₂*), 28.8 (cod-CH₂), 29.5, 30.7 (*C*HMe), 35.1 (cod-CH₂), 50.1,

101.3 (cod-*C*H), 106.5 (γ-*C*), 125.3, 125.5, 128.5, 128.7, 129.5, 140.1, 146.2, 146.7 (*C*$_{Ar}$), 170.4 (N*C*CH$_3$);

^{29}Si{^{1}H}-NMR (79.5 MHz, C$_6$D$_6$, 25 °C): δ = 0.8 ppm;

Zersetzungspunkt 195 °C;

MS-EI *m/z* (%) 816 [M]$^+$ (48), 704 [M−C$_8$H$_{16}$]$^+$, 481 [M−Ir(Cl)cod]$^+$ (33);

Elementaranalyse ber. (%): für C$_{37}$H$_{53}$Cl$_2$N$_2$SiIr: C 54.39, H 6.54, N 3.43. gef. C 54.94, H 6.58, N 3.49.

5.4.12 Katalysierte Reduktion von tertiären Amiden

Allgemeines Vorgehen für die katalysierte Reduktion des Acetyl-geschützten Dibenzoazepin-Derivates **82**:

Zu einer Lösung des zu testenden Komplexes als Präkatalysator wird zunächst das Dibenzoazepin-Derivat **82** (in einer Stammlösung) zugegeben. Bei Raumtemperatur werden anschließend zu der rührenden Reaktionslösung rasch 2.5 Äquivalente des Phenylsilans gegeben und für 24 h gerührt. Um den Verlauf der Reaktion zu verfolgen, wurde während dieser 24 h nach 1, 2, 4, 6 und 24 h je ein Aliqout entnommen. Das entnommene Volumen wurde auf eine Säule mit TLC-Kieselgel 60 GF (mittlere Korngröße = 15 μm) gegeben und mit Ethylacetat hindurchgespült. Der anorganische Anteil verbleibt hierbei auf der Säule, wohingegen der organischen Anteile herausgespült werden. Die Lösung wird mit wässriger HCl-Lösung behandelt und anschließend wird die wässrige von der organischen Phase getrennt. Die organische Phase wird mit MgSO$_4$ getrocknet und mit Hilfe von GC-MS-Messungen untersucht und somit die möglichen Produkte **90a** und **90b**, sowie das verbleibenden Edukt **82** quantifiziert.

5.4.13 Intermediat 91 und Dimer 92

Zu einer Lösung aus LSi(Cl)-Rh(Cl)cod **86** (120 mg, 0.16 mmol) in Toluol (15 ml) wird bei −40 °C Li[HBEt$_3$]-THF-Lösung (0.33 ml, 1.0 M, 0.33mmol, 2 Äq.) hinzugegeben. Die Reaktionsmischung wird auf Raumtemperatur erwärmt (s. ^{1}H-NMR der Reaktionsmischung).

Flüchtige Bestandteile werden im Vakuum entfernt und der Rückstand wird in *n*-Hexan gelöst. Bei −30 °C wurden wenige braune Kristalle erhalten **92**.

^{1}H-NMR   (200 MHz, C$_6$D$_6$, 25 °C): δ = −6.94 (d, 1H, Rh-*H*), 1.11 − 1.18 (m,12H, CH*Me$_2$*), 1.46 − 1.58 (m,12H, CH*Me$_2$*), 1.58 (s, 6H, Me), 2.23 (br, 2H, cod-C*H*), 3.14 (sept, 2H, C*H*Me$_2$), 3.53 (sept, ^3J(H,H) = 6.8 Hz, 2H, C*H*Me$_2$), 3.98 (br, 2H, cod-C*H*), 5.00 (s, 1H, γ-*H*; **91a**), 5.07 (s, 1H, γ-*H*; **91**), 5.48 (br, 2H, cod-C*H$_2$*), 6.29 (d, 1H, Si-*H*), 7.02 − 7.20 (m, 6H, C*H*$_{Ar}$).

Eine weitere Charakterisierung des Intermediates **91** war aufgrund seiner Kurzlebigkeit und Instabilität in Lösung leider nicht möglich. Die Gestalt des dinuklearen Komplexes **92** beruht auf Einkristallröntgenstrukturanalyse; für weitere Charakterisierung war nicht genug Material vorhanden.

5.4.14   LSi(H)-Rh(Cl)cod 95

Zu einer Lösung aus LSi(Cl)-Rh(Cl)cod **86** (71 mg, 0.1 mmol) in Toluol (10 ml) wird bei −40 °C eine Li[HBEt$_3$]-THF-Lösung (0.1 mL, 1.0 M, 0.1 mmol) hinzugegeben. Die Reaktionsmischung wird auf Raumtemperatur erwärmt und für eine Stunde gerührt. Alle flüchtigen Bestandteile werden im Vakuum entfernt und der Rückstand wird in *n*-Hexan gelöst. Bei −30 °C wurde das Produkt **95** in Form weniger orangefarbener Kristalle erhalten.

^{1}H-NMR   (200 MHz, C$_6$D$_6$, 25 °C): δ = 1.02 ppm, 1.28 (jeweils d, ^3J(H,H) = 6.7 Hz, 6H, CH*Me$_2$*), 1.32 (d, ^3J(H,H) = 6.4 Hz, 6H, CH*Me$_2$*), 1.44 (s, 6H, *Me*), 1.30 − 1.75 (br m, 8H, cod-C*H$_2$*), 1.98 (d, ^3J(H,H) = 6.4 Hz, 6H, CH*Me$_2$*), 2.33 (br, 2H, cod-C*H*), 3.45, 4.51 (jeweils sept, ^3J(H,H) = 6.7 Hz, 6.4 Hz, 2H, C*H*Me$_2$), 4. 68 (s, 1H, γ-*H*), 5.01 (d, ^2J(Rh,H) = 6.6 Hz, 1H, Si-*H*) 5.89 (br, 2H, cod-C*H*), 7.00 − 7.28 (m, 6H, C*H*$_{Ar}$);

Die NMR-Probe der Verbindung **95** hat sich bei Raumtemperatur in C$_6$D$_6$ zersetzt, daher war es nicht möglich weitere analytische Daten der Verbindung **95** zu erhalten.

5.4.15 LSi(CH₃)-Ir(CH₃)cod 96

Zu einer Lösung aus Verbindung **87** (60 mg, 0.07 mmol) in *n*-Hexan (10 ml) wird bei −40 °C Methyllithium-Et₂O-Lösung (1.6 M, 0.1 ml, 0.16 mmol, 1.1 Äq.) zugegeben. Während die Reaktionsmischung für 4 h bei Raumtemperatur gerührt wurde, änderte sich ihre Farbe rot zu braun. Das in *n*-Hexan unlösliche Nebenprodukt Lithiumchlorid wird abfiltriert und das Filtrat im Vakuum konzentriert. Die Lagerung bei −30 °C ergibt als Produkt **96** schwarze Kristalle.

¹H-NMR	(200 MHz, C₆D₆, 25 °C): δ = 0.32 ppm (s, 3H, Ir-*Me*), 1.00, 1.16 (jeweils d, ^3J(H,H) = 6.6 Hz, 6H, CH*Me₂*), 1.20 (s, 3H, Si-*Me*), 1.31, 1.41 (jeweils d, ^3J(H,H) = 6.6 Hz, 6H, CH*Me*), 1.47 (s, 6H, *Me*), 1.76 – 1.88 (br, 2H, cod-C*H*), 2.16 – 2.46 (m, 4H, cod-C*H₂*), 3.06 - 3.34 (m, ^3J(H,H) = 6.6 Hz, 4H, C*H*Me₂), 3.85 (br, 2H, cod-C*H*), 4.76 (br, 4H, cod-C*H₂*), 4.82 (s, 1H, γ-*H*), 6.98 – 7.19 (m, 6H, C*H*₍Ar₎);
¹³C{¹H}-NMR	(50 MHz, C₆D₆, 25 °C): δ = −1.1 ppm (Ir-*Me*), 8.9(Si-*Me*), 22.7 (NC*Me*), (24.5, 25.4, 25.7, 26.4 (CH*Me₂*), 28.3 (*C*HMe₂), 29.3, 30.0 (cod-*C*H₂), 34.7, 55.3 (cod-*C*H), 87.6 (cod-*C*H₂), 102.5 (γ-*C*), 123.2, 124.4, 127.5, 128.0, 137.9, 144.2, 147.9 (*C*₍Ar₎), 168.9 (N*C*Me);
²⁹Si{¹H}-NMR	(79.5 MHz, C₆D₆, 25 °C): δ = 45.5 ppm.

5.4.16 LSi(Cl)-Ir(CH₃)cod 97

Zu einer Lösung aus Verbindung **87** (120 mg, 0.15 mmol) in *n*-Hexan (15 mL) wird bei −40 °C Methyllithium-Et₂O-Lösung (1.6 M, 0.1 mL, 0.16 mmol, 1.1 Äq.) zugegeben. Während die Reaktionsmischung über Nacht gerührt wird, änderte sich ihre Farbe rot zu rotbraun. Das in *n*-Hexan unlösliche Lithiumchlorid wird abfiltriert und das Filtrat im Vakuum von den flüchtigen Bestandteilen befreit. Der zurückbleibende rot-braune Feststoff wird als Produkt **97** isoliert.

¹H-NMR	(200 MHz, C₆D₆, 25 °C): δ = 0.58 ppm (s, 3H, Ir-*Me*), 0.99, 1.13, 1.41 (jeweils d, ^3J(H,H) = 6.6 Hz, 6H, CH*Me₂*), 1.57 (s, 6H, *Me*), 1.61 (d, ^3J(H,H) = 6.6 Hz, 6H, CH*Me₂*), 1.75 (br, 4H, cod-C*H₂*), 3.27 (sept, ^3J(H,H) = 6.6 Hz, 2H, C*H*Me₂), 3.41 (br, 2H, cod-C*H*), 3.69 (sept,

^3J(H,H) = 6.6 Hz, 2H, CHMe$_2$), 4.35 (br, 2H, cod-CH), 5.42 (s, 1H, γ-H),

7.04 – 7.22 (m, 6H, CH_{Ar});

^{13}C{^{1}H}-NMR   (50 MHz, C$_6$D$_6$, 25 °C): δ = 6.9 ppm (Ir-Me), 23.1 (NCMe), 23.4, 23.7,

24.1, 24.7 (CHMe_2), 25.6 (cod-CH_2), 28.3, 28.6, 29.41, 30.27 (CHMe$_2$),

33.0 (cod-CH_2), 60.5, 89.2 (cod-CH), 105.6 (γ-C), 123.2, 123.9, 124.9,

128.0, 139.6, 142.4, 145.0, 146.1 (C_{Ar}), 168.5 (NCCH_3);

^{29}Si{^{1}H}-NMR   (79.5 MHz, C$_6$D$_6$, 25 °C): δ = 13.5 ppm.

5.4.17   L$^{2'}$SiCl$_2$ 104

Es werden L^{2}H **102b** (405 mg, 1.0 mmol) in Diethylether (15 ml) gelöst und bei −50 °C mit 0.48 mL n-BuLi-Lösung (2.5 M in n-Hexan, 1.2 mmol, 1.1 Äq.) versetzt und 1.5 h bei RT gerührt. Bei −78 °C werden 0.15 mL TMEDA (116.2 mg, 1.0 mmol) und 0.11 ml SiCl$_4$ (169 mg, 1.0 mmol) zugegeben und über Nacht bei RT gerührt. Die orangefarbene Suspension wird filtriert und die flüchtigen Bestandteile des Filtrats im Vakuum entfernt. Der Rückstand wird mit n-Hexan extrahiert und filtriert. Das Volumen des Filtrats wird im Vakuum reduziert. Über Nacht entstehen bei RT gelbe Kristalle. Allerdings handelt es sich bei diesen isolieren Kristallen sowohl um das gewünschte Produkt **104**, als auch um den freien Liganden **102b**. Beide Materialen kristallisieren bei den gleichen Bedingungen aus.

^{1}H-NMR   (400 MHz, C$_6$D$_6$, 25 °C): δ = 1.14, 1.21, 1.35 (jeweils d, ^3J(H,H) = 6.8 Hz, 6H, CHMe), 1.44-1.47, 1.86-1.90, 2.08-2.11 (jeweils m, 2H, Cy-CH_2), 3.32 (sept, ^3J(H,H) = 6.8 Hz , 1H, CHMe$_2$), 3.57 (sept, ^3J(H,H) = 6.8 Hz, 2H, CHMe$_2$), 4.18 (t, ^3J(H,H) = 4.3 Hz, 1H, Cy-CH), 7.07-7.26 (m, br, 8H, CH_{Ar}), sowie die Signale des freien Liganden **102b**;

^{13}C{^{1}H}-NMR   (101 MHz, C$_6$D$_6$, 25 °C): δ = 23.4 (CHMe_2), 24.1 (Cy-CH_2), 24.6 (CHMe_2), 25.2 (Cy-CH_2), 25.7 (CHMe$_2$), 28.7 (CHMe$_2$), 29.7 (Cy-CH_2), 50.2 (CHMe$_2$), 104.4 (Cy-CH), 115.9 (Cy-CCN), 124.9, 127.9, 128.3, 128.6, 129.7, 135.2, 138.6, 138.7 (C_{Ar}), 140.5 (Cy-CN), 148.7 (PhCN);

^{29}Si{^{1}H}-NMR   (79.5 MHz, C$_6$D$_6$, 25 °C): δ = −39.4 ppm;

EI-MS (HR) m/z 498.20064 (soll: 498.20248; Δ = 2.6 ppm).

5.4.18 $L^{2'}SiBr_2$ 105

Zu einer Lösung aus L^2H **105** (500 mg, 1.24 mmol) in 30 ml *n*-Hexan werden bei $-30\,°C$ 0.55 ml einer *n*-BuLi-Lösung (2.5 M in *n*-Hexan, 1.37 mmol, 1.1 Äq.) gegeben, die Reaktionslösung langsam auf RT erwärmt und über Nacht gerührt. Bei $-30\,°C$ werden 250 mg 1,3-di-*tert*-Butylimidazol-2-ylid[146] (1.35 mmol, 1.1 Äq.) gelöst in 10 ml *n*-Hexan, sowie 0.16 ml SiBr$_4$ (1.24 mmol) zugegeben. Die Reaktionsmischung wird bei RT für 3 h gerührt und anschließend filtriert. Durch die Zugabe von Triethylamin kann die Bildung des Niederschlags nach der Filtration verhindert werden.

^{1}H-NMR   (200 MHz, C$_6$D$_6$, 25 °C): $\delta =$ 1.16, 1.21, 1.37 (jeweils d, ^3J(H,H) = 6.8 Hz, 6H, CH*Me$_2$*), 1.46, 1.87, 2.10 (jeweils m, 2H, Cy-C*H$_2$*), 3.43 (sept, ^3J(H,H) = 6.8 Hz, 1H, C*H*Me$_2$), 3.57 (sept, ^3J(H,H) = 6.8 Hz, 2H, C*H*Me$_2$), 4.22 (t, ^3J(H,H) = 4.3 Hz, 1H, Cy-C*H*), 7.00-7.33 (m, br, 8H, C*H$_{Ar}$*);

EI-MS (HR)   *m/z* 586.10033 (soll: 586.10090, Δ = 1.0ppm);

5.4.19 $L^{2'}Si(H)Cl$ 106

Es werden L^2H **102b** (400 mg, 1.0 mmol) in Diethylether (15 ml) gelöst und bei $-50\,°C$ mit 0.69 mL einer *n*-BuLi-Lösung (1.6 M in *n*-Hexan, 1.1 mmol, 1.1 Äq.) versetzt. Die Reaktionsmischung wird über Nacht bei RT gerührt und die flüchtigen Bestandteile anschließend im Vakuum entfernt. Der Rückstand wird mit Toluol aufgenommen und bei $-50\,°C$ mit 0.16 mL TMEDA (0.12 mg, 1.1 mmol, 1.1 Äq.) versetzt und für 1/2 h gerührt. Anschließend wird ebenfalls bei $-50\,°C$ 1.0 mL einer HSiCl$_3$-Stammlösung (1 M in Toluol, 1.0 mmol) hinzugegeben. Die gelbe Reaktionslösung wird schlagartig violett, ein Niederschlag entsteht und bei Erwärmen auf RT wechselt die Farbe der Reaktionslösung zurück zu gelb. Die Reaktionsmischung wird über Nacht bei RT gerührt anschließend filtriert. Alle flüchtigen Bestandteile des Filtrats werden entfernt und der Rückstand mit *n*-Hexan extrahiert. Das Volumen des Filtrats wird reduziert und nach einer Nacht bei RT kann das gewünschte Produkt neben dem eingesetzten freien Liganden **102b** in Form gelber Kristalle erhalten werden.

^{1}H-NMR	(200 MHz, C_6D_6, 25°C): δ = 1.04 (d, ^{3}J(H,H) = 6.8 Hz, 3H, CHMe_2), 1.24, 1.28 (jeweils d, ^{3}J(H,H) = 6.8 Hz, 6H, CHMe_2), 1.45 (d, ^{3}J(H,H) = 6.8 Hz, 3H, CHMe_2), 1.53 − 1.62 (m, br, 2H, Cy-CH_2), 1.89-2.04 (m, br, 3H, Cy-CH_2), 2.45 (dt, ^{3}J(H,H) = 13.9 Hz, ^{3}J(H,H) = 4.4 Hz, 1H, Cy-CH_2), 3.20, 3.51, 3.67 (jeweils sept, ^{3}J(H,H) = 6.8 Hz, 1H, CHMe$_2$), 4.15 (t, ^{3}J(H,H) = 4.2 Hz, 1H, Cy-CH), 5.50 (s, Si-H, ^{1}J(H,H) = 290 Hz) 6.98−7.38 (m, br, 8H, CH$_{Ar}$);
^{13}C{^{1}H}-NMR	(50 MHz, C_6D_6, 25 °C): δ = 14.0, 22.7 (CHMe_2), 24.4 (Cy-CH$_2$), 24.7, 24.9, 25.1, 25.44 (CHMe_2), 28.1 (Cy-CH$_2$), 28.4, 29.1 (CHMe$_2$), 31.6 (Cy-CH$_2$), 48.2 (CHMe$_2$), 101.3 (Cy-CH), 115.1 (Cy-CCN), 124.4, 124.9, 129.5, 135.2, 138.0, 138.1, 140.4 (C_{Ar}), 147.7 (Cy-CN), 149.3 (PhCN);
^{29}Si{^{1}H}-NMR	(79.5 MHz, C_6D_6, 25 °C): δ = −38.4 ppm (^{1}J(Si,H) = 294.3 Hz);
EI-MS (HR)	m/z 464.24125 (soll: 464.24090; Δ = 0.7 ppm).

6 Literatur

[1]   D. Bourissou, O. Guerret, F. P. Gabbai, G. Bertrand, *Chem. Rev.* **1999**, *100*, 39.
[2]   E. O. Fischer, A. Maasböl, *Angew. Chem. Int. Ed. Engl.* **1964**, *3*, 580; H. W. Wanzlick, E. Schikora, *Angew. Chem.* **1960**, *72*, 494.
[3]   S. Diez-Gonzalez, N. Marion, S. P. Nolan, *Chem. Rev.* **2009**, *109*, 3612.
[4]   Y. Chauvin, *Angew. Chem. Int. Ed.* **2006**, *45*, 3740; R. R. Schrock, *Angew. Chem. Int. Ed.* **2006**, *45*, 3748; R. H. Grubbs, *Angew. Chem. Int. Ed.* **2006**, *45*, 3760.
[5]   Y. Mizuhata, T. Sasamori, N. Tokitoh, *Chem. Rev.* **2009**, *109*, 3479.
[6]   R. West, M. Denk, *Pure Appl. Chem.* **1996**, *68*, 785.
[7]   A. J. Arduengo, R. L. Harlow, M. Kline, *J. Am. Chem. Soc.* **1991**, *113*, 361.
[8]   M. Denk, R. Lennon, R. Hayashi, R. West, A. V. Belyakov, H. P. Verne, A. Haaland, M. Wagner, N. Metzler, *J. Am. Chem. Soc.* **1994**, *116*, 2691.
[9]   B. Gehrhus, M. F. Lappert, J. Heinicke, R. Boese, D. Blaser, *J. Chem. Soc., Chem. Commun.* **1995**, 1931.
[10]   L. Kong, J. Zhang, H. Song, C. Cui, *Dalton Trans.* **2009**, 5444.
[11]   P. Zark, A. Schäfer, A. Mitra, D. Haase, W. Saak, R. West, T. Müller, *J. Organomet. Chem.* **2010**, *695*, 398.
[12]   W. Li, N. J. Hill, A. C. Tomasik, G. Bikzhanova, R. West, *Organometallics* **2006**, *25*, 3802; A. C. Tomasik, A. Mitra, R. West, *Organometallics* **2009**, *28*, 378.
[13]   J. Heinicke, A. Oprea, *Heteroat. Chem.* **1998**, *9*, 439.
[14]   C.-W. So, H. W. Roesky, J. Magull, R. B. Oswald, *Angew. Chem. Int. Ed.* **2006**, *45*, 3948.
[15]   C.-W. So, H. W. Roesky, P. M. Gurubasavaraj, R. B. Oswald, M. T. Gamer, P. G. Jones, S. Blaurock, *J. Am. Chem. Soc.* **2007**, *129*, 12049.
[16]   M. Driess, S. Yao, M. Brym, C. van Wüllen, D. Lentz, *J. Am. Chem. Soc.* **2006**, *128*, 9628.
[17]   B. Gehrhus, P. B. Hitchcock, M. F. Lappert, *Z. anorg. allg. Chem.* **2005**, *631*, 1383.
[18]   Y. Wang, Y. Xie, P. Wei, R. B. King, H. F. Schaefer, P. von R. Schleyer, G. H. Robinson, *Vol. 321*, **2008**, pp. 1069.
[19]   D. Gau, R. Rodriguez, T. Kato, N. Saffon-Merceron, A. de Cózar, F. P. Cossío, A. Baceiredo, *Angew. Chem. Int. Ed.*, *50*, 1092.
[20]   W. Wang, S. Inoue, S. Yao, M. Driess, *J. Am. Chem. Soc.* **2012**, *132*, 15890.
[21]   W. Wang, S. Inoue, E. Irran, M. Driess, *Angew. Chem. Int. Ed.* **2012**, *51*, 3691.
[22]   W. Wang, S. Inoue, S. Enthaler, M. Driess, *Angew. Chem. Int. Ed.* **2012**, *51*, 6167.
[23]   A. Brück, D. Gallego, W. Wang, E. Irran, M. Driess, J. F. Hartwig, *Angew. Chem. Int. Ed.* **2012**, *51*, 11478.
[24]   D. Gau, T. Kato, N. Saffon-Merceron, F. P. Cossío, A. Baceiredo, *J. Am. Chem. Soc.* **2009**, *131*, 8762.
[25]   M. Kira, S. Ishida, T. Iwamoto, C. Kabuto, *J. Am. Chem. Soc.* **1999**, *121*, 9722.
[26]   M. Asay, S. Inoue, M. Driess, *Angew. Chem. Int. Ed.* **2011**, *50*, 9589.
[27]   G.-H. Lee, R. West, T. Müller, *J. Am. Chem. Soc.* **2003**, *125*, 8114.
[28]   M. J. S. Gynane, D. H. Harris, M. F. Lappert, P. P. Power, P. Riviere, M. Riviere-Baudet, *Journal of the Chemical Society, Dalton Transactions* **1977**, 2004.
[29]   A. C. Filippou, O. Chernov, B. Blom, K. W. Stumpf, G. Schnakenburg, *Chem. Eur. J.* **2010**, *16*, 2866.

[30] H. Cui, C. Cui, *Dalton Trans.* **2011**, *40*, 11937.
[31] M. Driess, *Nat. Chem.* **2012**, *4*, 525.
[32] B. D. Rekken, T. M. Brown, J. C. Fettinger, H. M. Tuononen, P. P. Power, *J. Am. Chem. Soc.* **2012**, *134*, 6504.
[33] A. V. Protchenko, K. H. Birjkumar, D. Dange, A. D. Schwarz, D. Vidovic, C. Jones, N. Kaltsoyannis, P. Mountford, S. Aldridge, *J. Am. Chem. Soc.* **2012**, *134*, 6500.
[34] S. Yao, Y. Xiong, M. Driess, *Organometallics* **2011**, *30*, 1748.
[35] N. Metzler, M. Denk, *Chem. Commun.* **1996**, 2657.
[36] M. Driess, S. Yao, M. Brym, C. van Wüllen, *Angew. Chem.* **2006**, *118*, 6882.
[37] M. Haaf, T. A. Schmedake, B. J. Paradise, R. West, *Can. J. Chem.* **2000**, *78*, 1526.
[38] M. Haaf, A. Schmiedl, T. A. Schmedake, D. R. Powell, A. J. Millevolte, M. Denk, R. West, *J. Am. Chem. Soc.* **1998**, *120*, 12714.
[39] S. Yao, M. Brym, C. van Wüllen, M. Driess, *Angew. Chem. Int. Ed.* **2007**, *46*, 4159.
[40] A. Meltzer, S. Inoue, C. Präsang, M. Driess, *J. Am. Chem. Soc.* **2010**, *132*, 3038.
[41] A. Jana, C. Schulzke, H. W. Roesky, *J. Am. Chem. Soc.* **2009**, *131*, 4600.
[42] A. Jana, H. W. Roesky, C. Schulzke, P. P. Samuel, *Organometallics* **2009**, *28*, 6574.
[43] S. Yao, C. van Wüllen, X.-Y. Sun, M. Driess, *Angew. Chem. Int. Ed.* **2008**, *47*, 3250.
[44] S. S. Sen, H. W. Roesky, D. Stern, J. Henn, D. Stalke, *J. Am. Chem. Soc.* **2010**, *132*, 1123.
[45] B. Blom, M. Stoelzel, M. Driess, *Chem. Eur. J.* **2013**, *19*, 40.
[46] H. Ogino, *The Chemical Record* **2002**, *2*, 291.
[47] H. Jacobsen, T. Ziegler, *Organometallics* **1995**, *14*, 224.
[48] C. Elschenbroich, *Organometallchemie*, B. G. Teubner Verlag / GWV Fachverlage GmbH, Wiesbaden, **2008**.
[49] D. A. Straus, S. D. Grumbine, T. D. Tilley, *J. Am. Chem. Soc.* **1990**, *112*, 7801; S. D. Grumbine, T. D. Tilley, A. L. Rheingold, *J. Am. Chem. Soc.* **1993**, *115*, 358; S. D. Grumbine, T. D. Tilley, F. P. Arnold, A. L. Rheingold, *J. Am. Chem. Soc.* **1993**, *115*, 7884; S. K. Grumbine, T. D. Tilley, F. P. Arnold, A. L. Rheingold, *J. Am. Chem. Soc.* **1994**, *116*, 5495.
[50] D. A. Straus, T. D. Tilley, A. L. Rheingold, S. J. Geib, *J. Am. Chem. Soc.* **1987**, *109*, 5872.
[51] C. Zybill, G. Müller, *Angew. Chem. Int. Ed. Engl.* **1987**, *26*, 669.
[52] G. Schmid, E. Welz, *Angew. Chem. Int. Ed. Engl.* **1977**, *16*, 785.
[53] T. A. Schmedake, M. Haaf, B. J. Paradise, A. J. Millevolte, D. R. Powell, R. West, *J. Organomet. Chem.* **2001**, *636*, 17; R. Azhakar, S. P. Sarish, H. W. Roesky, J. Hey, D. Stalke, *Inorg. Chem.* **2011**, *50*, 5039; R. Azhakar, R. S. Ghadwal, H. W. Roesky, H. Wolf, D. Stalke, *J. Am. Chem. Soc.* **2012**, *134*, 2423; W. Yang, H. Fu, H. Wang, M. Chen, Y. Ding, H. W. Roesky, A. Jana, *Inorg. Chem.* **2009**, *48*, 5058.
[54] R. Azhakar, R. S. Ghadwal, H. W. Roesky, J. Hey, D. Stalke, *Chem. Asian J.* **2012**, *7*, 528.
[55] G. Tavcar, S. S. Sen, R. Azhakar, A. Thorn, H. W. Roesky, *Inorg. Chem.* **2010**, *49*, 10199.
[56] B. Blom, M. Driess, D. Gallego, S. Inoue, *Chem. Eur. J.* **2012**, *18*, 13355; W. A. Herrmann, P. Härter, C. W. K. Gstöttmayr, F. Bielert, N. Seeboth, P. Sirsch, *J. Organomet. Chem.* **2002**, *649*, 141.
[57] S. H. A. Petri, D. Eikenberg, B. Neumann, H.-G. Stammler, P. Jutzi, *Organometallics* **1999**, *18*, 2615.
[58] A. Fürstner, H. Krause, C. W. Lehmann, *Chem. Commun.* **2001**, 2372.

[59]   B. Gehrhus, P. B. Hitchcock, M. F. Lappert, H. Maciejewski, *Organometallics* **1998**, *17*, 5599.

[60]   A. G. Avent, B. Gehrhus, P. B. Hitchcock, M. F. Lappert, H. Maciejewski, *J. Organomet. Chem.* **2003**, *686*, 321.

[61]   A. Zeller, F. Bielert, P. Haerter, W. A. Herrmann, T. Strassner, *J. Organomet. Chem.* **2005**, *690*, 3292.

[62]   T. A. Schmedake, M. Haaf, B. J. Paradise, D. Powell, R. West, *Organometallics* **2000**, *19*, 3263.

[63]   E. Neumann, A. Pfaltz, *Organometallics* **2005**, *24*, 2008.

[64]   W. Wang, S. Inoue, S. Yao, M. Driess, *J. Am. Chem. Soc.* **2010**, *132*, 15890.

[65]   A. Meltzer, C. Präsang, C. Milsmann, M. Driess, *Angew. Chem. Int. Ed.* **2009**, *48*, 3170.

[66]   A. Meltzer, C. Präsang, M. Driess, *J. Am. Chem. Soc.* **2009**, *131*, 7232.

[67]   A.-K. Jungton, A. Meltzer, C. Präsang, T. Braun, M. Driess, A. Penner, *Dalton Trans.* **2010**, *39*, 5436.

[68]   J. M. Dysard, T. D. Tilley, *Organometallics* **2000**, *19*, 4726.

[69]   B. Blom, D. Gallego, M. Driess, *Inorganic Chemistry Frontiers* **2014**, *1*, 134.

[70]   M. Zhang, X. Liu, C. Shi, C. Ren, Y. Ding, H. W. Roesky, *Z. anorg. allg. Chem.* **2008**, *634*, 1755.

[71]   B. Blom, S. Enthaler, S. Inoue, E. Irran, M. Driess, *J. Am. Chem. Soc.* **2013**, *135*, 6703.

[72]   C. I. Someya, M. Haberberger, W. Wang, S. Enthaler, S. Inoue, *Chem. Lett.* **2013**, *42*, 286.

[73]   D. Gallego, A. Brück, E. Irran, F. Meier, M. Kaupp, M. Driess, J. F. Hartwig, *J. Am. Chem. Soc.* **2013**, *135*, 15617.

[74]   Y. Xiong, S. Yao, M. Driess, *Organometallics* **2009**, *28*, 1927.

[75]   A. Jana, P. P. Samuel, G. Tavcar, H. W. Roesky, C. Schulzke, *J. Am. Chem. Soc.* **2010**, *132*, 10164; Y. Xiong, S. Yao, M. Brym, M. Driess, *Angew. Chem. Int. Ed.* **2007**, *46*, 4511.

[76]   Y. Ding, H. W. Roesky, M. Noltemeyer, H.-G. Schmidt, P. P. Power, *Organometallics* **2001**, *20*, 1190.

[77]   M. E. Alberto, N. Russo, E. Sicilia, *Chem. Eur. J.* **2013**, *19*, 7835.

[78]   H. Cui, Y. Shao, X. Li, L. Kong, C. Cui, *Organometallics* **2009**, *28*, 5191.

[79]   G. C. Welch, R. R. S. Juan, J. D. Masuda, D. W. Stephan, *Science* **2006**, *314*, 1124; D. W. Stephan, G. Erker, *Angew. Chem. Int. Ed.* **2010**, *49*, 46.

[80]   Y. Peng, B. D. Ellis, X. Wang, P. P. Power, *J. Am. Chem. Soc.* **2008**, *130*, 12268.

[81]   G. H. Spikes, J. C. Fettinger, P. P. Power, *J. Am. Chem. Soc.* **2005**, *127*, 12232.

[82]   G. D. Frey, V. Lavallo, B. Donnadieu, W. W. Schoeller, G. Bertrand, *Science* **2007**, *316*, 439.

[83]   A. V. Protchenko, A. D. Schwarz, M. P. Blake, C. Jones, N. Kaltsoyannis, P. Mountford, S. Aldridge, *Angew. Chem. Int. Ed.* **2013**, *52*, 568.

[84]   F. H. Stephens, V. Pons, R. Tom Baker, *Dalton Trans.* **2007**, 2613.

[85]   A. F. Holleman, E. Wiberg, N. Wiberg, *Lehrbuch der anorganischen Chemie*, de Gruyter, Berlin, **1995**.

[86]   C. Präsang, M. Stoelzel, S. Inoue, A. Meltzer, M. Driess, *Angew. Chem. Int. Ed.* **2010**, *49*, 10002.

[87]   J. G. Verkade, L. D. Quin, *Phosphorus-31 NMR Spectroscopy in Stereochemical Analysis, Organic Compounds and Metal Complexes.*, VCH Verlagsgesellschaft mbH, Weinheim, **1986**.

[88]   K. Hansen, T. Szilvási, B. Blom, E. Irran, M. Driess, *Chem. Eur. J.* **2014**, *20*, 1947.

[89]   M. Driess, H. Pritzkow, M. Reisgys, *Chem. Ber.* **1991**, *124*, 1923.

[90]   K. Hansen, T. Szilvasi, B. Blom, S. Inoue, J. Epping, M. Driess, *J. Am. Chem. Soc.* **2013**, *135*, 11795.

[91]   M. Driess, S. Rell, H. Pritzkow, *J. Chem. Soc., Chem. Commun.* **1995**, 253.

[92]   M. Driess, *Coord. Chem. Rev.* **1995**, *145*, 1.

[93]   J. D. Epping, S. Yao, M. Karni, Y. Apeloig, M. Driess, *J. Am. Chem. Soc.* **2010**, *132*, 5443; Y. Xiong, S. Yao, M. Driess, *J. Am. Chem. Soc.* **2009**, *131*, 7562; Y. Xiong, S. Yao, R. Müller, M. Kaupp, M. Driess, *Nat Chem* **2010**, *2*, 577.

[94]   M. Denk, R. K. Hayashi, R. West, *J. Chem. Soc., Chem. Commun.* **1994**, 33.

[95]   B. Bogdanović, M. Kröner, G. Wilke, *Justus Liebigs Annalen der Chemie* **1966**, *699*, 1.

[96]   A. Meltzer, Doktorarbeit, Technische Universität Berlin (Berlin), **2010**.

[97]   R. Dorta, E. D. Stevens, N. M. Scott, C. Costabile, L. Cavallo, C. D. Hoff, S. P. Nolan, *J. Am. Chem. Soc.* **2005**, *127*, 2485.

[98]   P. Reich, *Z. anorg. allg. Chem.* **1979**, *450*, 131.

[99]   G. S. McGrady, G. Guilera, *Chem. Soc. Rev.* **2003**, *32*, 383; W. P. Neumann, *Synthesis* **1987**, *1987*, 665.

[100]   B. Marciniec, *Hydrosilylation, Vol. 1*, Springer, **2009**.

[101]   M. A. Brooks, *Silicon in Organic, Organometallic, and Polymer Chemistry*, Wiley-Interscience, New York, **2000**.

[102]   J. L. Speier, J. A. Webster, G. H. Barnes, *J. Am. Chem. Soc.* **1957**, *79*, 974; K. Yamamoto, T. Hayashi, M. Kumada, *J. Organomet. Chem.* **1972**, *46*, C65.

[103]   M. A. Brook, *Silicon in Organic, Organometallic, and Polymer Chemistry*, Wiley-Interscience, New York, **2000**.

[104]   B. E. Eichler, P. P. Power, *J. Am. Chem. Soc.* **2000**, *122*, 8785.

[105]   K. C. Thimer, S. M. I. Al-Rafia, M. J. Ferguson, R. McDonald, E. Rivard, *Chem. Commun.* **2009**, 7119.

[106]   S. M. I. Al-Rafia, A. C. Malcolm, S. K. Liew, M. J. Ferguson, E. Rivard, *J. Am. Chem. Soc.* **2011**, *133*, 777.

[107]   S. M. I. Al-Rafia, A. C. Malcolm, R. McDonald, M. J. Ferguson, E. Rivard, *Angew. Chem. Int. Ed.* **2011**, *50*, 8354.

[108]   M. Y. Abraham, Y. Wang, Y. Xie, P. Wei, H. F. Schaefer, P. v. R. Schleyer, G. H. Robinson, *J. Am. Chem. Soc.* **2011**, *133*, 8874.

[109]   L. W. Pineda, V. Jancik, K. Starke, R. B. Oswald, H. W. Roesky, *Angew. Chem. Int. Ed.* **2006**, *45*, 2602.

[110]   A. Jana, D. Ghoshal, H. W. Roesky, I. Objartel, G. Schwab, D. Stalke, *J. Am. Chem. Soc.* **2009**, *131*, 1288; A. Jana, H. W. Roesky, C. Schulzke, *Dalton Trans.* **2010**, *39*, 132.

[111]   A. Jana, H. W. Roesky, C. Schulzke, A. Döring, *Angew. Chem. Int. Ed.* **2009**, *48*, 1106; A. Jana, H. W. Roesky, C. Schulzke, *Inorg. Chem.* **2009**, *48*, 9543.

[112]   S.-H. Zhang, H.-X. Yeong, H.-W. Xi, K. H. Lim, C.-W. So, *Chem. Eur. J.* **2010**, *16*, 10250.

[113]   A. Jana, D. Leusser, I. Objartel, H. W. Roesky, D. Stalke, *Dalton Trans.* **2011**, *40*, 5458.

[114] R. Rodriguez, D. Gau, Y. Contie, T. Kato, N. Saffon-Merceron, A. Baceiredo, *Angew. Chem. Int. Ed.* **2011**, *50*, 11492.

[115] T. Watanabe, H. Hashimoto, H. Tobita, *Angew. Chem. Int. Ed.* **2004**, *43*, 218.

[116] T. Watanabe, H. Hashimoto, H. Tobita, *J. Am. Chem. Soc.* **2006**, *128*, 2176.

[117] M. Ochiai, H. Hashimoto, H. Tobita, *Dalton Trans.* **2009**, 1812.

[118] P. B. Glaser, T. D. Tilley, *J. Am. Chem. Soc.* **2003**, *125*, 13640.

[119] R. Waterman, P. G. Hayes, T. D. Tilley, *Acc. Chem. Res.* **2007**, *40*, 712.

[120] E. Calimano, T. D. Tilley, *J. Am. Chem. Soc.* **2008**, *130*, 9226; E. Calimano, T. D. Tilley, *J. Am. Chem. Soc.* **2009**, *131*, 11161.

[121] C. Beddie, M. B. Hall, *J. Am. Chem. Soc.* **2004**, *126*, 13564.

[122] M. Stoelzel, C. Präsang, S. Inoue, S. Enthaler, M. Driess, *Angew. Chem. Int. Ed.* **2012**, *51*, 399.

[123] K. Riener, M. P. Högerl, P. Gigler, F. E. Kühn, *ACS Catalysis* **2012**, *2*, 613; R. Malacea, R. Poli, E. Manoury, *Coord. Chem. Rev.* **2010**, *254*, 729; P. C. J. Kamer, J. N. H. Reek, P. W. N. M. van Leeuwen, *Mechanisms in Homogeneous Catalysis*, Wiley-VCH Verlag GmbH & Co. KGaA, **2005**, pp. 231; R. H. Crabtree, *The Handbook of Homogeneous Hydrogenation*, Wiley-VCH Verlag GmbH, Weinheim, **2008**, pp. 31.

[124] W. Wang, S. Inoue, S. Enthaler, M. Driess, *Angew. Chem.* **2012**, *124*, 6271.

[125] M. Ahmed, C. Buch, L. Routaboul, R. Jackstell, H. Klein, A. Spannenberg, M. Beller, *Chem. Eur. J.* **2007**, *13*, 1594.

[126] W. A. Herrmann, M. Elison, J. Fischer, C. Köcher, G. R. J. Artus, *Chem. Eur. J.* **1996**, *2*, 772.

[127] M. Ahmed, C. Buch, L. Routaboul, R. Jackstell, H. Klein, A. Spannenberg, M. Beller, *Chem. Eur. J.* **2007**, *13*, 1594.

[128] M. V. Baker, S. K. Brayshaw, B. W. Skelton, A. H. White, *Inorg. Chim. Acta* **2004**, *357*, 2841.

[129] M. Aizenberg, J. Ott, C. J. Elsevier, D. Milstein, *J. Organomet. Chem.* **1998**, *551*, 81.

[130] J. Y. Corey, J. Braddock-Wilking, *Chem. Rev.* **1998**, *99*, 175.

[131] G. Pelletier, W. S. Bechara, A. B. Charette, *J. Am. Chem. Soc.* **2010**, *132*, 12817; G. W. Gribble, *Chem. Soc. Rev.* **1998**, *27*, 395; J. Seyden-Penne, *Reductions by the Alumino- and Borohydrides in Organic Synthesis* 2nd ed., Wiley, New York, **1997**.

[132] M. Igarashi, T. Fuchikami, *Tetrahedron Lett.* **2001**, *42*, 1945; S. Das, S. Addis, S. Zhou, K. Junge, M. Beller, *J. Am. Chem. Soc.* **2010**, *132*, 1770.

[133] R. Kuwano, M. Takahashi, Y. Ito, *Tet. Lett.* **1998**, *39*, 1017.

[134] E. Balaraman, B. Gnanaprakasam, L. J. W. Shimon, D. Milstein, *J. Am. Chem. Soc.* **2010**, *132*, 16756.

[135] S. Krackl, C. I. Someya, S. Enthaler, *Chem. Eur. J.* **2012**, *18*, 15267.

[136] C. Cheng, M. Brookhart, *J. Am. Chem. Soc.* **2012**, *134*, 11304.

[137] S. M. Hawkins, P. B. Hitchcock, M. F. Lappert, *J. Chem. Soc., Chem. Commun.* **1985**, 1592.

[138] L. Fohlmeister, S. Liu, C. Schulten, B. Moubaraki, A. Stasch, J. D. Cashion, K. S. Murray, L. Gagliardi, C. Jones, *Angew. Chem. Int. Ed.* **2012**, *51*, 8294.

[139] P. G. Gassman, D. W. Macomber, S. M. Willging, *J. Am. Chem. Soc.* **1985**, *107*, 2380.

[140] A. Stasch, C. Jones, *Dalton Trans.* **2011**, *40*, 5659.

[141] W. Wang, S. Inoue, S. Yao, M. Driess, *Organometallics* **2011**, *30*, 6490.

[142] W. Wang, Dissertation, Technische Universität Berlin (Berlin), **2012**.

[143] W. Keim, S. Killat, C. F. Nobile, G. P. Suranna, U. Englert, R. Wang, S. Mecking, D. L. Schröder, *J. Organomet. Chem.* **2002**, *662*, 150.

[144] J. S. Becker, R. J. Staples, R. G. Gordon, *Cryst. Res. Technol.* **2004**, *39*, 85.

[145] J. C. Brindley, J. M. Caldwell, G. D. Meakins, S. J. Plackett, S. J. Price, *Journal of the Chemical Society, Perkin Transactions 1* **1987**, *0*, 1153.

[146] M. K. Denk, J. M. Rodezno, S. Gupta, A. J. Lough, *J. Organomet. Chem.* **2001**, *617-618*, 242.

A Kristallographischer Anhang

Tab. 6-1 Kristallographische Daten für L'SiH$_2$ **44**

Empirical formula	C29 H42 N2 Si
Formula weight	446.74
Temperature	150(2) K
Wavelength	0.71073 Å
Crystal system	Monoclinic
Space group	P2$_1$/c
Unit cell dimensions	a = 11.8723(5) Å α= 90°.
	b = 16.1653(8) Å β= 93.847(4)°.
	c = 28.1856(14) Å γ = 90°.
Volume	5397.2(4) Å^3
Z	8
Density (calculated)	1.100 Mg/m^3
Absorption coefficient	0.105 mm^{-1}
F(000)	1952
Crystal size	0.19 x 0.16 x 0.13 mm^3
Theta range for data collection	3.33 to 25.00°.
Index ranges	-14<=h<=14, -18<=k<=19, -33<=l<=22
Reflections collected	22082
Independent reflections	9474 [R(int) = 0.0790]
Completeness to theta = 25.00°	99.7 %
Max. and min. transmission	0.9867 and 0.9801
Refinement method	Full-matrix least-squares on F^2
Data / restraints / parameters	9474 / 0 / 611
Goodness-of-fit on F^2	0.809
Final R indices [I>2sigma(I)]	R1 = 0.0554, wR2 = 0.0831
R indices (all data)	R1 = 0.1344, wR2 = 0.0976
Largest diff. peak and hole	0.202 and -0.284 e.Å^{-3}

Tab. 6-2 Kristallographische Daten für L'Si(H)PH₂ **45**

Empirical formula	C29 H43 N2 P Si
Formula weight	478.71
Temperature	150(2) K
Wavelength	71.073 pm
Crystal system	Triclinic
Space group	P-1
Unit cell dimensions	a = 1236.94(7) pm α= 86.522(3)°.
	b = 1631.60(6) pm β= 85.201(4)°.
	c = 3030.07(14) pm γ = 69.948(4)°.
Volume	5.7211(5) Å³
Z	8
Density (calculated)	1.112 Mg/m³
Absorption coefficient	0.157 mm⁻¹
F(000)	2080
Crystal size	0.42 x 0.39 x 0.13 mm³
Theta range for data collection	3.29 to 32.45°.
Index ranges	-18<=h<=14, -24<=k<=22, -44<=l<=44
Reflections collected	65668
Independent reflections	37003 [R(int) = 0.1426]
Completeness to theta = 32.45°	89.7 %
Absorption correction	Semi-empirical from equivalents
Max. and min. transmission	0.9799 and 0.9372
Refinement method	Full-matrix least-squares on F²
Data / restraints / parameters	37003 / 12 / 1261
Goodness-of-fit on F²	0.764
Final R indices [I>2sigma(I)]	R1 = 0.0859, wR2 = 0.0759
R indices (all data)	R1 = 0.3171, wR2 = 0.1156
Largest diff. peak and hole	0.388 and -0.349 e.Å⁻³

Tab. 6-3 Kristallographische Daten für LSi(H)AsH **47b**

Empirical formula	C29 H43 As N2 Si
Formula weight	522.66
Temperature	173(2) K
Wavelength	71.073 pm
Crystal system	Monoclinic
Space group	P2$_1$/n
Unit cell dimensions	a = 1311.70(8) pm α= 90°.
	b = 1690.42(6) pm β= 108.029(6)°.
	c = 1377.48(7) pm γ = 90°.
Volume	2.9044(3) nm^3
Z	4
Density (calculated)	1.195 Mg/m^3
Absorption coefficient	1.230 mm^{-1}
F(000)	1112
Crystal size	0.63 x 0.21 x 0.19 mm^3
Theta range for data collection	3.34 to 25.00°.
Index ranges	-15<=h<=15, -20<=k<=20, -8<=l<=16
Reflections collected	12216
Independent reflections	5111 [R(int) = 0.0415]
Completeness to theta = 25.00°	99.7 %
Max. and min. transmission	0.7999 and 0.5113
Refinement method	Full-matrix least-squares on F^2
Data / restraints / parameters	5111 / 0 / 316
Goodness-of-fit on F^2	0.859
Final R indices [I>2sigma(I)]	R1 = 0.0395, wR2 = 0.0653
R indices (all data)	R1 = 0.0749, wR2 = 0.0699
Largest diff. peak and hole	0.459 and -0.543 e.Å^{-3}

Tab. 6-4 Kristallographische Daten für LSi(Cl)-Ni(CO)₃ **57**

Empirical formula	C32 H41 Cl N2 Ni O3 Si
Formula weight	623.92
Temperature	150(2) K
Wavelength	71.073 pm
Crystal system	Monoclinic
Space group	$P2_1/m$
Unit cell dimensions	a = 883.33(4) pm α= 90°.
	b = 1999.77(6) pm β= 111.953(5)°.
	c = 977.59(4) pm γ = 90°.
Volume	1.60166(11) nm³
Z	2
Density (calculated)	1.294 Mg/m³
Absorption coefficient	0.760 mm⁻¹
F(000)	660
Crystal size	0.36 x 0.30 x 0.22 mm³
Theta range for data collection	3.35 to 25.00°.
Index ranges	-8<=h<=10, -22<=k<=23, -10<=l<=11
Reflections collected	6075
Independent reflections	2909 [R(int) = 0.0228]
Completeness to theta = 25.00°	99.7 %
Max. and min. transmission	0.8506 and 0.7714
Refinement method	Full-matrix least-squares on F^2
Data / restraints / parameters	2909 / 0 / 195
Goodness-of-fit on F^2	1.059
Final R indices [I>2sigma(I)]	R1 = 0.0374, wR2 = 0.0915
R indices (all data)	R1 = 0.0471, wR2 = 0.0941
Largest diff. peak and hole	0.433 and -0.295 e.Å⁻³

Tab. 6-5 Kristallographische Daten für LSi(H)-Ni(CO)₃ **58**

Empirical formula	C32 H42 N2 Ni O3 Si
Formula weight	589.48
Temperature	173(2) K
Wavelength	71.073 pm
Crystal system	monoclinic
Space group	$P2_1/m$
Unit cell dimensions	a = 891.83(6) pm α= 90°.
	b = 1996.29(10) pm β= 113.101(7)°.
	c = 975.51(6) pm γ = 90°.
Volume	1.59749(17) nm³
Z	2
Density (calculated)	1.225 Mg/m³
Absorption coefficient	0.677 mm⁻¹
F(000)	628
Crystal size	0.14 x 0.13 x 0.04 mm³
Theta range for data collection	3.33 to 25.00°.
Index ranges	-10<=h<=10, -21<=k<=23, -11<=l<=11
Reflections collected	12272
Independent reflections	2889 [R(int) = 0.0310]
Completeness to theta = 25.00°	99.7 %
Max. and min. transmission	0.9734 and 0.9111
Refinement method	Full-matrix least-squares on F^2
Data / restraints / parameters	2889 / 0 / 192
Goodness-of-fit on F^2	1.044
Final R indices [I>2sigma(I)]	R1 = 0.0331, wR2 = 0.0797
R indices (all data)	R1 = 0.0463, wR2 = 0.0829
Largest diff. peak and hole	0.370 and -0.232 e.Å⁻³

Tab. 6-6 Kristallographische Daten für LSi(PhC=CPh)-Ni(CO)3 **69**

Empirical formula	C46 H52 N2 Ni O3 Si
Formula weight	767.70
Temperature	150(2) K
Wavelength	0.71073 Å
Crystal system	Triclinic
Space group	P-1
Unit cell dimensions	a = 10.4764(7) Å α= 72.237(7)°.
	b = 15.0944(14) Å β= 82.502(5)°.
	c = 17.7661(12) Å γ = 77.840(7)°.
Volume	2608.8(3) Å^3
Z	2
Density (calculated)	0.977 Mg/m^3
Absorption coefficient	0.428 mm^{-1}
F(000)	816
Crystal size	0.31 x 0.23 x 0.15 mm^3
Theta range for data collection	3.37 to 25.00°.
Index ranges	-12<=h<=11, -16<=k<=17, -20<=l<=21
Reflections collected	19475
Independent reflections	9164 [R(int) = 0.0690]
Completeness to theta = 25.00°	99.7 %
Absorption correction	Semi-empirical from equivalents
Max. and min. transmission	0.9386 and 0.8788
Refinement method	Full-matrix least-squares on F^2
Data / restraints / parameters	9164 / 12 / 487
Goodness-of-fit on F^2	0.863
Final R indices [I>2sigma(I)]	R1 = 0.0565, wR2 = 0.1351
R indices (all data)	R1 = 0.1145, wR2 = 0.1443
Largest diff. peak and hole	0.345 and -0.305 e.Å^{-3}

Tab. 6-7 Kristallographische Daten für LSi(Cl)-Rh(Cl)cod **86**

Empirical formula	C37 H53 Cl2 N2 Rh Si
Formula weight	727.71
Temperature	150(2) K
Wavelength	0.71073 Å
Crystal system	Monoclinic
Space group	P2$_1$/c
Unit cell dimensions	a = 9.8788(3) Å α= 90°.
	b = 21.0810(6) Å β= 104.916(3)°.
	c = 18.0480(5) Å γ = 90°.
Volume	3631.94(18) Å^3
Z	4
Density (calculated)	1.331 Mg/m^3
Absorption coefficient	0.678 mm^{-1}
F(000)	1528
Crystal size	0.17 x 0.11 x 0.08 mm^3
Theta range for data collection	3.31 to 25.00°.
Index ranges	-11<=h<=6, -24<=k<=13, -15<=l<=21
Reflections collected	13243
Independent reflections	6292 [R(int) = 0.0453]
Completeness to theta = 25.00°	98.4 %
Max. and min. transmission	0.9478 and 0.8935
Refinement method	Full-matrix least-squares on F^2
Data / restraints / parameters	6292 / 12 / 398
Goodness-of-fit on F^2	0.853
Final R indices [I>2sigma(I)]	R1 = 0.0404, wR2 = 0.0620
R indices (all data)	R1 = 0.0777, wR2 = 0.0675
Largest diff. peak and hole	0.495 and -0.515 e.Å^{-3}

Tab. 6-8 Kristallographische Daten für LSi(Cl)-Ir(Cl)cod **87**

Empirical formula	C37 H53 Cl2 Ir N2 Si
Formula weight	817.00
Temperature	173(2) K
Wavelength	0.71073 Å
Crystal system	Monoclinic
Space group	$P2_1/c$
Unit cell dimensions	a = 9.9110(6) Å α= 90°.
	b = 21.0914(9) Å β= 105.099(8)°.
	c = 18.0257(15) Å γ = 90°.
Volume	3638.0(4) Å^3
Z	4
Density (calculated)	1.492 Mg/m^3
Absorption coefficient	3.877 mm^{-1}
F(000)	1656
Crystal size	0.11 x 0.11 x 0.03 mm^3
Theta range for data collection	3.31 to 25.00°.
Index ranges	-11<=h<=11, -25<=k<=24, -17<=l<=21
Reflections collected	26737
Independent reflections	6382 [R(int) = 0.0313]
Completeness to theta = 25.00°	99.7 %
Max. and min. transmission	0.8795 and 0.6795
Refinement method	Full-matrix least-squares on F^2
Data / restraints / parameters	6382 / 0 / 398
Goodness-of-fit on F^2	0.978
Final R indices [I>2sigma(I)]	R1 = 0.0217, wR2 = 0.0512
R indices (all data)	R1 = 0.0292, wR2 = 0.0525
Largest diff. peak and hole	0.859 and -0.498 e.Å^{-3}

Tab. 6-9 Kristallographische Daten für **92**

Empirical formula	C61 H87 N4 Rh2 Si2
Formula weight	1138.35
Temperature	173(2) K
Wavelength	0.71073 Å
Crystal system	Triclinic
Space group	P-1
Unit cell dimensions	a = 9.8052(6) Å α= 92.625(4)°.
	b = 12.8126(7) Å β= 95.787(4)°.
	c = 23.6516(11) Å γ = 104.310(5)°.
Volume	2856.8(3) Å^3
Z	2
Density (calculated)	1.323 Mg/m^3
Absorption coefficient	0.660 mm^{-1}
F(000)	1198
Crystal size	0.29 x 0.14 x 0.03 mm^3
Theta range for data collection	3.25 to 25.00°.
Index ranges	-11<=h<=11, -14<=k<=15, -26<=l<=28
Reflections collected	22927
Independent reflections	10043 [R(int) = 0.0914]
Completeness to theta = 25.00°	99.8 %
Refinement method	Full-matrix least-squares on F^2
Data / restraints / parameters	10043 / 0 / 641
Goodness-of-fit on F^2	1.107
Final R indices [I>2sigma(I)]	R1 = 0.0762, wR2 = 0.1460
R indices (all data)	R1 = 0.1162, wR2 = 0.1699
Largest diff. peak and hole	1.203 and -0.909 e.Å^{-3}

Tab. 6-10 Kristallographische Daten für LSi(H)-Rh(Cl)cod **95**

Empirical formula	C37 H54 Cl N2 Rh Si
Formula weight	693.27
Temperature	173(2) K
Wavelength	0.71073 A
Crystal system	Triclinic
Space group	P-1
Unit cell dimensions	a = 10.7803(7) Å α = 99.953(6)°
	b = 11.7416(9) Å β = 103.215(5)°.
	c = 14.7724(9) Å γ = 104.467(6)°
Volume	1709.4(2) A^3
Z	2
Calculated density	1.347 Mg/m^3
Absorption coefficient	0.641 mm^{-1}
F(000)	732
Crystal size	0.23 x 0.44 x 0.02 mm
Theta range for data collection	3.51 to 32.59°
Limiting indices	-16<=h<=16, -17<=k<=16, -22<=l<=21
Reflections collected / unique	19553 / 11084 [R(int) = 0.0904]
Completeness to theta = 32.59	88.8 %
Refinement method	Full-matrix least-squares on F^2
Data / restraints / parameters	11084 / 0 / 393
Goodness-of-fit on F^2	1.156
Final R indices [I>2sigma(I)]	R1 = 0.1062, wR2 = 0.1561
R indices (all data)	R1 = 0.1511, wR2 = 0.1734
Largest diff. peak and hole	1.990 and -1.723 e.Å^{-3}

Tab. 6-11 Kristallographische Daten für LSi(Me)-Ir(Me)cod **96**

Empirical formula	C39 H59 Cl0 Ir N2 Si
Formula weight	776.17
Temperature	173(2) K
Wavelength	71.073 pm
Crystal system	orthorombic
Space group	P 2_1 2_1 2_1
Unit cell dimensions	a = 1010.45(8) pm α= 90°.
	b = 1831.84(11) pm β= 90°.
	c = 1941.09(7) pm γ = 90°.
Volume	3.5929(4) nm^3
Z	4
Density (calculated)	1.435 Mg/m^3
Absorption coefficient	3.778 mm^{-1}
F(000)	1592
Crystal size	0.33 x 0.07 x 0.04 mm^3
Theta range for data collection	3.34 to 25.00°.
Index ranges	-12<=h<=11, -14<=k<=21, -23<=l<=23
Reflections collected	14451
Independent reflections	6286 [R(int) = 0.0580]
Completeness to theta = 25.00°	99.6 %
Max. and min. transmission	0.8666 and 0.3722
Refinement method	Full-matrix least-squares on F^2
Data / restraints / parameters	6286 / 0 / 400
Goodness-of-fit on F^2	0.894
Final R indices [I>2sigma(I)]	R1 = 0.0386, wR2 = 0.0605
R indices (all data)	R1 = 0.0448, wR2 = 0.0629
Absolute structure parameter	-0.020(8)
Largest diff. peak and hole	1.549 and -1.007 e.Å^{-3}

Tab. 6-12 Kristallographische Daten für L²'SiCl₂ **104**

Empirical formula	C28 H36 Cl2 N2 Si
Formula weight	499.58
Temperature	173(2) K
Wavelength	71.073 pm
Crystal system	Triclinic
Space group	P-1
Unit cell dimensions	a = 982.90(6) pm α= 78.789(5)°.
	b = 1113.70(8) pm β= 77.041(4)°.
	c = 1319.77(5) pm γ = 71.332(6)°.
Volume	1.32201(13) nm³
Z	2
Density (calculated)	1.255 Mg/m³
Absorption coefficient	0.310 mm⁻¹
F(000)	532
Crystal size	0.28 x 0.17 x 0.04 mm³
Theta range for data collection	3.35 to 25.00°.
Index ranges	-11<=h<=11, -13<=k<=12, -15<=l<=14
Reflections collected	9691
Independent reflections	4663 [R(int) = 0.0389]
Completeness to theta = 25.00°	99.8 %
Max. and min. transmission	0.9865 and 0.9176
Refinement method	Full-matrix least-squares on F²
Data / restraints / parameters	4663 / 0 / 304
Goodness-of-fit on F²	1.034
Final R indices [I>2sigma(I)]	R1 = 0.0490, wR2 = 0.1039
R indices (all data)	R1 = 0.0655, wR2 = 0.1121
Largest diff. peak and hole	0.392 and -0.303 e.Å⁻³

Tab. 6-13 Kristallographische Daten für $L^{2'}Si(H)Cl$ **106**

Empirical formula	C28 H37 Cl N2 Si
Formula weight	465.14
Temperature	173(2) K
Wavelength	0.71073 A
Crystal system	Monoclinic
Space group	$P2_1/n$
Unit cell dimensions	a = 9.3027(7) Å $\quad \alpha = 90°$
	b = 15.2381(8) Å $\quad \beta = 101.391(6)°$
	c = 18.8084(10) Å $\quad \gamma = 90°$
Volume	2613.7(3) Å^3
Z	4
Density (calculated)	1.182 Mg/m^3
Absorption coefficient	0.210 mm^{-1}
F(000)	1000
Crystal size	0.17 x 0.06 x 0.02 mm^3
Theta range for data collection	3.47 to 25.00°
Limiting indices	-11<=h<=6, -18<=k<=18, -22<=l<=22
Reflections collected / unique	18301
Independent reflections	4588 [R(int) = 0.1463]
Completeness to theta = 25.00°	99.8 %
Max. and min. transmission	0.9969 and 0.9650
Refinement method	Full-matrix least-squares on F^2
Data / restraints / parameters	4588 / 0 / 299
Goodness-of-fit on F^2	1.109
Final R indices [I>2sigma(I)]	R1 = 0.0851, wR2 = 0.1276
R indices (all data)	R1 = 0.1413, wR2 = 0.1471
Largest diff. peak and hole	0.363 and -0.291 e.Å^{-3}